U0365737

普通高等教育"十一五"国家级规划教材

高等学校环境艺术设计专业教学丛书暨高级培训教材

# 室内绿化设计

## （第二版）

清华大学美术学院环境艺术设计系

黄　艳　编著

中国建筑工业出版社

图书在版编目(CIP)数据

室内绿化设计/黄艳编著. —2版. —北京：中国建筑工业出版社，2007

（高等学校环境艺术设计专业教学丛书暨高级培训教材）

ISBN 978-7-112-09577-3

Ⅰ.室… Ⅱ.黄… Ⅲ.室内装饰—绿化—高等学校—教材 Ⅳ.TU238

中国版本图书馆 CIP 数据核字(2007)第 124586 号

《室内绿化设计》第一版面世以来，受到了广大读者的肯定与喜爱。作为室内陈设的重要组成部分，室内绿化在室内的运用更加广泛。为了便于读者的学习，增强本书的理论性和实用性，第二版在全书的结构关系上有较大的调整，特别是补充了关于室内绿化的历史发展背景、室内绿化设计的程序与方法等内容，使得全书内容更加完善，逻辑关系更加合理，并以国内外最新的设计实例作为论据，也增加了可读性。

本书可作为高等院校环境艺术设计专业的教学用书，同时也面向各类成人教育专业培训班的教学，也可作为专业设计师和专业从业人员提高专业水平的参考书。

\* \* \*

责任编辑：胡明安　姚荣华
责任设计：董建平
责任校对：陈晶晶　孟　楠

普通高等教育"十一五"国家级规划教材

高等学校环境艺术设计专业教学丛书暨高级培训教材

**室 内 绿 化 设 计**

（第二版）

清华大学美术学院环境艺术设计系

黄　艳　编著

\*

中国建筑工业出版社出版、发行(北京西郊百万庄)

各地新华书店、建筑书店经销

北 京 天 成 排 版 公 司 制 版

精美彩色印刷有限公司印刷

开本：880×1230毫米　1/16　印张：8　字数：246千字
2008年3月第二版　　2010年8月第十次印刷
印数：15901—17400册　　定价：**60.00**元

ISBN 978-7-112-09577-3

(16241)

# 第二版编者的话

艺术，在人类文明的知识体系中与科学并驾齐驱。艺术，具有不可替代完全独立的学科系统。

国家与社会对精神文明和物质文明的需求，日益倚重于艺术与科学的研究成果。以科学发展观为指导构建和谐社会的理念，在这里决不是空洞的概念，完全能够在艺术与科学的研究中得到正确的诠释。

艺术与科学的理论研究是以艺术理论为基础向科学领域扩展的交融；艺术与科学的理论研究成果则通过设计与创作的实践活动得以体现。

设计艺术学科是横跨于艺术与科学之间的综合性边缘性学科。艺术设计专业产生于工业文明高度发展的 20 世纪。具有独立知识产权的各类设计产品，以其艺术与科学的内涵成为艺术设计成果的象征。设计艺术学科的每个专业方向在国民经济中都对应着一个庞大的产业，如建筑室内装饰行业、服装行业、广告与包装行业等。每个专业方向在自己的发展过程中无不形成极强的个性，并通过这种个性的创造以产品的形式实现其自身的社会价值。

正是因为这样的社会需求，近年来艺术设计教育在中国以几何级数率飞速发展，而在所有开设艺术设计专业的高等学校中，选择环境艺术设计专业方向的又占到相当高的比例。这套教材在首版的 1999 年，可能还是环境艺术设计专业教材领域为数不多的一两套之列。短短的五六年间，各种类型不同版本的专业教材相继面世。编写这套教材的中央工艺美术学院环境艺术设计系，也在国家高校管理机制改革中迅即转换成为清华大学的下属院系。研究型大学的定位和争创世界一流大学的目标，使环境艺术设计系在教学与科研并行的轨道上，以快马加鞭的运行状态不断地调整着自身的位置，以适应形势发展的需求，这套教材就是在这样的背景下修订再版的，并新出版了《装修构造与施工图设计》，以期更能适应专业新的形势的需要。

高等教育的脊梁是教师，教师赖以教学的灵魂是教材。优秀的教材只有通过教师的口传身授，才能发挥最大的效益，从而结出累累的教学成果。教师教材之于教学成果的关系是不言而喻的。然而长期以来艺术高等教育由于自身的特殊性，往往采取一种单线师承制，很难有统一的教材。这种方法对于音乐、戏剧、美术等纯艺术专业来讲是可取的。但是作为科学与艺术相结合的高等艺术设计专业教育而言则很难采用。一方面需要保持艺术教育的特色，另一方面则需要借鉴理工类专业教学的经验，建立起符合艺术设计教育特点的教材体系。

环境艺术设计教育在国内的历史相对较短。由于自身的特殊性，其教学模式和教学方法与其他的高等教育相比有着很大的差异。尤其是艺术设计教育完全是工业化之后的产物，是介于艺术与科学之间边缘性极强的专业教育。这样的教育背景，同时又是专业性很强的高校教材，在统一与个性的权衡下，显然两者都是需要的。我们这样大的一个国家，市场需求如此之大，现在的教材不是太多，而是太少，尤其是适用的太少。不能用同一种模式和同一种定位来编写，这是摆在所有高等艺术设计教育工作者面前的重要课题。

当今的世界是一个以多样化为主流的世界。在全球经济一体化的大背景下，艺术设计领域反而需要更多地强调个性，统一的艺术设计教育模式无论如何也不是我们的需要。只有在多元的撞击下才能产生新的火花。作为不同地区和不同类型的学校，没有必要按照统一的模式来选定自己的教材体系。环境艺术设计教育自身的规律，不同层次专业人才培养的模式，以及不同的市场定位需求，应该成为不同类型学校制定各自教学大纲选定合适教材的基础。

环境艺术设计学科发展前景光明，从宏观角度来讲，环境的改善和提高是一个重要课题。从微观的层次来说中国城乡环境的设计现状之落后为科学的发展提供了广大的舞台，环境艺术设计课程建设因此处于极为有利的位置。因为，环境艺术设计是人类步入后工业文明信息时代诞生的绿色设计系统，是艺术与艺术设计行业的主导设计体系，是一门具有全新概念而又刚刚起步的艺术设计新兴专业。

清华大学美术学院环境艺术设计系
2005 年 5 月

# 第一版编者的话

自从1988年国家教育委员会决定在我国高等院校设立环境艺术设计专业以来，这个介于科学和艺术边缘的综合性新兴学科已经走过了十年的历程。

尽管在去年新颁布的国家高等院校专业目录中，环境艺术设计专业成为艺术设计学科之下的专业方向，不再名列于二级专业学科，但这并不意味环境艺术设计专业发展的停滞。

从某种意义上来讲也许是环境艺术设计概念的提出相对于我们的国情过于超前，虽然十年间发展迅猛，在全国数百所各类学校中设立，但相应的理论研究滞后，专业师资与教材奇缺，社会舆论宣传力度不够，导致决策层对环境艺术设计专业缺乏了解，造成了目前这样一种局面。

以积极的态度来对待国家高等院校专业目录的调整，是我们在新形势下所应采取的惟一策略。只要我们切实做好基础理论建设，把握机遇，勇于进取，在艺术设计专业的领域中同样能够使环境艺术设计在拓宽专业面与融汇相关学科内容的条件下得到长足的进步。

我们的这一套教材正是在这样的形势下出版的。

环境艺术设计是一门新兴的建立在现代环境科学研究基础之上的边缘性学科。环境艺术设计是时间与空间艺术的综合，设计的对象涉及自然生态环境与人文社会环境的各个领域。显然这是一个与可持续发展战略有着密切关系的专业。研究环境艺术设计的问题必将对可持续发展战略产生重大的影响。

就环境艺术设计本身而言，这里所说的环境，是包括自然环境、人工环境、社会环境在内的全部环境概念。这里所说的艺术，则是指狭义的美学意义上的艺术。这里所说的设计，当然是指建立在现代艺术设计概念基础之上的设计。

"环境艺术"是以人的主观意识为出发点，建立在自然环境美之外，为人对美的精神需求所引导，而进行的艺术环境创造。如大地艺术、人体行为艺术由观者直接参与，通过视觉、听觉、触觉、嗅觉的综合感受，造成一种身临其境的艺术空间，这种艺术创造既不同于传统的雕塑，也不同于建筑，它更多地强调空间氛围的艺术感受。它不同于我们今天所说的环境艺术，我们所研究的环境艺术是人为的艺术环境创造，可以自在于自然界美的环境之外，但是它又不可能脱离自然环境本体，它必需植根于特定的环境，成为融汇其中与之有机共生的艺术。可以这样说，环境艺术是人类生存环境的美的创造。

"环境设计"是建立在客观物质基础上，以现代环境科学研究成果为指导，创造生态系统良性循环的人类理想环境，这样的环境体现于：社会制度的文明进步，自然资源的合理配置，生存空间的科学建设。这中间包含了自然科学和社会科学涉及的所有研究领域。因此环境设计是一项巨大的系统工程，属于多元的综合性边缘学科。

环境设计以原在的自然环境为出发点，以科学与艺术的手段谐调自然、人工、社会三类环境之间的关系，使其达到一种最佳的运行状态。环境设计具有相当广的涵义，它不仅包括空间环境中诸要素形态的布局营造，而且更重视人在时间状态下的行为环境的调节控制。

环境设计比之环境艺术具有更为完整的意义。环境艺术应该是从属于环境设计的子系统。

环境艺术品也可称为环境陈设艺术品，它的创作是有别于艺术品创作的。环境艺术品的概念源于环境艺术设计，几乎所有的艺术与工艺美术门类，以及它们的产品都可以列入环境艺术品的范围。但只要加上环境二字，它的创作就将受到环境的限定和制约，以达到与所处环境的和谐统一。

为了不使公众对环境设计概念的理解产生偏差，我们仍然对环境设计冠以"环境艺术设计"的全称，以满足目前社会文化层次认识水平的需要。显然这个词组包括了环境艺术与设计的全部概念。

中央工艺美术学院环境艺术设计专业是从室内设计专业发展变化而来的。从五六十年代的室内装饰、建筑装饰到七八十年代的工业美术、室内设计再到八九十年代的环境艺术设计，时间跨越四十余年，专业名称几经变化，但设计的对象始终没有离开人工环境的主体——建筑。名称的改变反映了时代的发展和认识水平的进步。以人的物质与精神需求为目的，装饰的概念从平面走向建筑空间，再从建筑空间走向人类的生存环境。

从世界范围来看，室内装饰、室内设计、环境艺术、环境设计的专业设置与发展也是不平衡的，认识也是不一致的。面临信息与智能时代的来临，我们正处在一个多元的变革时期，许多没有定论的问题还有待于时间和实践的检验。但是我们也不能因此而裹足不前，以我们今天对环境艺术设计的理解来界定自身的专业范围和发展方向，应该是符合专业高等教育工作者的责任和义务的。

按照我们今天的理解，从广义上讲，环境艺术设计如同一把大伞，涵盖了当代几乎所有的艺术与设计，是一个艺术设计的综合系统。从狭义上讲，环境艺术设计的专业内容是以建筑的内外空间环境来界定的，其中以室内、家具、陈设诸要素进行的空间组合设计，称之为内部环境艺术设计；以建筑、雕塑、绿化诸要素进行的空间组合设计，称之为外部环境艺术设计。前者冠以室内设计的专业名称，后者冠以景观设计的专业名称，成为当代环境艺术设计发展最为迅速的两翼。

广义的环境艺术设计目前尚停留在理论探讨阶段，具体的实施还有待于社会环境的进步与改善，同时也要依赖于环境科学技术新的发展成果。因此我们在这里所讲的环境艺术设计主要是指狭义的环境艺术设计。

室内设计和景观设计虽同为环境艺术设计的子系统，但从发展来看室内设计相对成熟。从20世纪60年代以来室内设计逐渐脱离建筑设计，成为一个相对独立的专业体系。基础理论建设渐成系统，社会技术实践成果日见丰厚。而景观设计的发展则相对落后，在理论上还有不少界定含混的概念，就其对"景观"一词的理解和景观设计涵盖的内容尚有争议，它与城市规划、建筑、园林专业的关系如何也有待规范。建筑体以外的公共环境设施设计是环境设计的一个重要部分，但不一定形成景观，归类于景观设计中也不完全合适，所以对景观设计而言还有很长一段路要走。因此我们这套教材的主要内容还是侧重于室内设计专业。

不管怎么说中央工艺美术学院环境艺术设计系毕竟走过了四十余年的教学历程，经过几代人的努力，依靠相对雄厚的师资力量，建立起完备的教学体系。作为国内一流高等艺术设计院校的重点专业，在环境艺术设计高等教育领域无疑承担着学术带头的重任。基于这样的考虑，尽管深知艺术类教学强调个性的特点，忌专业教材与教学方法的绝对统一，我们还是决定出版这样一套专业教材，一方面作为过去教学经验的总结，另一方面是希望通过这套书的出版，促进环境艺术设计高等教育更快更好地发展，因为我们深信21世纪必将是世界范围的环境设计的新世纪。

中央工艺美术学院环境艺术设计系
**1999 年 3 月**

# 目　　录

## 第4章 室内绿化设计的程序与方法

## 第5章 不同空间的绿化设计要点

## 第6章 绿化制图与图例

## 第7章 室内植物的养护与管理

# 第1章 概 论

绿化植物无疑会给室内空间带来清新的感觉，当早晨的第一缕阳光照射进来，整个室内便充满了生命气息。

## 1.1 室内绿化历史简述

### 1.1.1 来自古典的影响

在古希腊和古罗马时期，人们对花卉植物的喜爱丝毫不亚于现在。遗憾的是，只有少数杰作以马赛克、壁纸的形式保留下来了。当然，不计其数的古希腊碗、罐子等都是用植物来装饰的，这些都是最好的佐证。

据古希腊植物学志记载，有500种以上的植物被人们养殖并运用在花园中和室内，而且当时就有制造精美的植物容器；古埃及神庙的壁画中就有侍者手擎种在罐里的进口稀有植物(图1-1)；在古罗马宫廷中，已有种在容器中的进口植物，并在云母片作屋顶的暖房中培育玫瑰花和百合花。到了文艺复兴时期，意大利开始流行用白色的水果和花卉配以柔和的蓝色背景，这种设计的影响一直延续至今。而英、法早在17~19世纪就已在暖房中培育柑橘。

花卉植物的研究出现在手稿、草稿，甚至像丢勒这样的大师绘画作品中。那时花卉植物往往被看作是背景的一部分，起到装饰或象征作用。花卉题材的绘画作品直到16世纪晚期才被认为是艺术品，这是由于当时的探险者把几百种植物带回欧洲，人们受此刺激，几乎对所有的植物都陷入一种狂热之中(图1-2)。因此，许多室内培育植物的知识是在市场销售运输过程中获得的，要比从书本获得的知识早。

装在银制容器中的花卉、水果、食物

图1-1

和酒被摆到桌子上，桌上则铺着图案丰富的桌布。而那些容器也被饰以蝴蝶、蛇、鸟巢等。色彩艳丽而大胆，光好像是从花本身反射出来的一样(图1-3)。作画常常需要很长的时间才能完成，所以你在一幅画上就可能看到春、夏、秋的花卉摆在一起。

18世纪后，人们的品位开始发生变化。在法国，受到时尚的影响，流行浅色调的花卉(图1-4)，并出现了用陶瓷做成的花。国王路易十六的情妇蓬帕杜尔夫人甚至直接用瓷花来装饰她的礼服。

到了19世纪，欧洲的"冬季庭园"(玻璃房)已很普遍(图1-5)。

图1-2

图1-3

图1-4

图1-5 充满生机的玻璃顶光棚空间绿化

### 1.1.2 来自东方的影响

在这里，"东方"主要指的是中国和日本。但是在花卉植物的设计上，两者有着显著的不同。

室内绿化在我国的发展历史悠远，最早可追溯到新石器时代，从浙江余姚河姆渡新石器文化遗址的发掘中，获得一块刻有盆栽植物花纹的"五叶纹"陶块（图1-6）。

图 1-6

河北望都一号东汉墓的墓室内有盆栽的壁画，绘有内栽红花绿叶的卷尚圆盆，置于方形几上，盆长椭圆形，内有假山几座，长有花草。另一幅也画着高髻侍女，手托莲瓣形盘，盘中有盆景，长有植物一棵，植株上有绿叶红果。唐章怀太子李贤墓，甬道壁画中，画有仕女手托盆景之像。可见当时已有山水盆景和植物盆景。东晋王羲之《柬书堂贴》中提到了莲的栽培，"今年植得千叶者数盆，亦便发花相继不绝"，这可以说是有关盆栽花卉的最早文字记载。

到了隋唐时期，盆景已经作为室内观赏植物的一种形式而被人们普遍接受。据传公元6世纪唐代武则天时，宫廷已能用地窖熏烘法使盆栽百花在春节齐开一堂。宫廷排宴赏花自唐代始盛，相传武则天下诏催花，唐玄宗曾击鼓催花，到孟蜀时也多次设宴召集百官赏花，都表达了人们对花卉的喜爱和运用。对植物、花卉的热爱，也常洋溢于诗画之中，也因此而有"殿前排宴赏花开"这样的诗句。

总的来看，中国传统的室内绿化设计更注重精致的色彩，优雅的姿态和香味以及具有装饰性的容器。通常是通过盆栽、盆景为主来完成的。从而集中在栽培观花、观果植物，欣赏花的娇艳芬芳和果的丰润繁茂，如牡丹、腊梅、山茶、玉兰、杜鹃、兰花、菊花、水仙等（图1-7）。

图 1-7

如果说中国室内绿化最突出的成就或特点是盆景，那么日本就是插花了，这是由于日本文化同时受到中国和西方的影响。虽然大多数国家的学校或会所中都开设了插花的课程，但不可否认的是，日本的插花艺术以其优雅的线条、和谐的比例而独树一帜，通过象征性的手法表达了自然的情趣（图1-8）。这同样反映在手稿、绘画、瓷器当中。

图 1-8

图 1-9

总之，东方绿化设计的主要特征就是精妙的空间比例和均衡关系，可以说与现代设计的口号"少即是多"的理念不谋而合。

### 1.1.3 19世纪的影响

19世纪西方绘画中普遍以花卉和植物为题材，这些画家出于对植物浓厚的兴趣，从野外或花园中采集来各种花，特别是玫瑰。他们按照品种、色彩、质感等因素对植物进行摆放和设计，然后才开始动手画。这些花也许是放在玻璃碗里，或是插在大号的水杯中，甚至是泥罐中。画中的图案精美的东方容器和玻璃花瓶，至今都是最常用的选择。

到了19世纪中叶以后，对植物的研究运用更加广泛且深入。照相机能够记录室内的每个细节、桌椅的摆放和植物。色彩和光、光色都是要考虑的。梵·高的《向日葵》就曾经卖出天价。

今天，以花卉为主题的绘画虽然似乎已不再流行，但花卉作为室内装饰陈设的元素却越来越受到重视，而花卉纹样早已成为织物和壁纸设计中永远的主角（图1-9）。

科技的进步，为绿化植物的运用开辟了更广泛的空间。20世纪30年代出现的落地窗，使室内有充足的光照，临窗摆设各类植物成了人们的新宠，并被誉为"植物窗帘"。多层建筑和室内空调设备出现后，室内外空间的隔绝，迫使人们提出回归自然的主张，怀念日出而作、日落而息的与自然共呼吸的生活方式。

于是，人们开始了在室内筑造景园，并把室内景园视为人们日常生活一部分的共享空间，使室内空间设计进入了新的境界。室内景园就是将自然景物适宜地从室外移入室内，或直接在室内利用植物、水、石建筑景园，使室内具有一定程度的景园和野外气息，既丰富了室内空间和活跃了室内气氛，又可调节室内的物理环境，并且人的心理环境也随之改善，从而达到愉悦人们身心的目的。特别是在室外缺乏绿化场所或所在地区气候条件较差时，室内景园开辟了一个不受外界自然条件限制的四季长春地（图1-10）。

4

图 1-10　用别具匠心的现代装饰手法，绿化室内休息空间

## 1.2　工作对象与内容

我们的工作对象简单地说，就是一切自然的和人工的、野生的和养殖的植物形象（图 1-11、图 1-12）。而室内绿化设计则是指在建筑物内种植或摆放观赏植物，构成室内设计不可分割的部分。它主要是利用植物材料并结合室内设计、园林设计的手段和方法　组织、完善和美化室内空间；协调人与环境的关系，使人既不觉得被包围在建筑空间而产生厌倦感，也不觉得像在室外那样，因失去蔽护而产生不安定感。室内绿化主要是解决"人-建筑-环境"之间的关系（图 1-13）。而绿化植物、水体等也成为室内艺术陈设的一个重要组成部分。

然而，室内外环境毕竟有很大差异，

图 1-11

图 1-12

要实现室内绿化的生态功能和观赏功能，就不仅要考虑植物的美学效果，更应考虑植物的生存环境，尽可能满足植物的正常生活的物质条件。因此，在室内种植和配置植物，实际上是一种技术和艺术的结合。协调人-建筑-环境之间的关系，营造出一个绿色的，充满自然气息的室内世界。

图 1-13

现代的室内绿化以观叶植物为主，大多为绿叶、花叶或彩叶，还有花、叶兼具的。它们多为常绿植物，不像多数传统的观花、观果植物那样，只在花果期取悦于人，而是以生机盎然的姿态长期予人以美的享受，予世界以生命的象征。

从以观花、观果为主，到以赏叶为主，既反映了人们审美情趣的变化，也说明了设计师掌握了更加丰富的植物材料，从而能创造出更加丰富的室内空间形象(图 1-14)。

图 1-14

## 1.3 绿化设计的文化意义

植物的种植模式和种类都是具有意义的，是表达社会情境的一种手段，文化特点非常显著。这其中很大一部分是由原产地所造成的，如提到郁金香，人们马上会联想到荷兰(图 1-15)。

在古代中国，植物更是高尚品格的象征，它美丽、纯洁、善良；它潇洒、挺拔、俊健；它有勇气、有智慧、通人性，具有人本性中的一切美好东西。因此，为文人、士大夫们所欣赏。于是，植物便成了文人、士大夫们抒发闲情逸致的载体。"要知此花清绝处，端知醉面读《离骚》"(徐致中赞)和"梅以韵胜，以格高"(范成大《梅谱前序》)的梅花；"本无尘土气，自在水云乡；楚楚净如械，亭亭生妙香"(元人郑云端《咏莲》)的荷花；"宁可食无肉，不可居无竹。无肉令人瘦，无竹令人俗"(苏轼《于潜僧绿筠轩》)的竹子；还有"深谷幽兰"；颇具雅逸美的菊花，无不是文人们的审美对象，也因而有了"听雨轩"、"梧竹幽居"、"翠玲珑"等寄情于植物这样的娱乐休闲场所(图 1-16)。

图 1-15

图 1-16

东西方对不同植物花卉均赋予了一定的象征和含义，如我国喻荷花为"出污泥而不染，濯清涟而不妖"，象征高尚情操；喻竹为"未曾出土先有节，纵凌云霄也虚心"，象征高风亮节；称松、竹、梅为"岁寒三友"，梅、兰、竹、菊为"四君子"；喻牡丹为高贵，石榴也多子，萱草为忘忧等。在西方，紫罗兰为忠实永恒；百合花为纯洁；郁金香为名誉；勿忘草为勿忘我等。

许多中国人以植物的名称命名，如春梅、春兰、秋菊、松、柏、竹、薇、紫薇、玉兰、杨等等，都反映了植物本身具有的美好含义以及人们对植物的喜爱之情。

## 1.4 植物和水体的功能

### 1.4.1 生态功能

作为室内绿化设计的主要材料，绿色植物具有丰富的内涵和多种作用。它可以营造出特殊的意境和气氛，使室内变得生机勃勃、亲切温馨，给人以不同的美感。观叶植物青翠碧绿，使人感觉宁静娴雅；赏花植物绚丽多彩，使人感觉温暖热烈；观果植物逗人欢喜快慰，使人联想到大自然的野趣。利用植物塑造景点，更具有以观赏为主的作用。

从植物自然生态上看，植物还有以下一些作用：

1. 具有净化室内空气，增进人体健康的功能。人们都知道，氧气是维持人们生命活动所不可缺少的气体，人们在呼吸活动中吸收氧气，呼出二氧化碳。而花草树木在进行光合作用时吸收二氧化碳，吐出氧气，所以花草树木可以维持空气中的二氧化碳与氧气的平衡，保持空气的清新。某些植物还能分泌出杀菌素，杀灭室内的一些细菌，使空气得到净化。各种兰花、仙人掌类植物、花叶芋、鸭跖草、虎尾兰等均能吸收有害气体。例如在室内养上一盆吊兰与山影，就能将空气中由家

电、塑料制品及烟火所散发出的一氧化碳、过氧化氮等有害毒气吸收。室内尘埃，时时刻刻都在危害着人们的身体健康。尘埃的来源很广，地壳的自然变化，人类的活动，宇宙万物的运动，都会时时刻刻产生尘埃，污染空气。据测量，一些大城市每月每平方公里的降尘量高达100t左右。尘埃无孔不入，在空气中游荡、聚合。它污染食品、食具，并通过人的呼吸潜入鼻孔、呼吸道、支气管等传播疾病。而植物，特别是树木对粉尘有明显的阻挡、过滤和吸附的作用。

2. 室内植物时时刻刻都在蒸发水分，从而能降低空气的温度和增大湿度。

3. 植物还有阻隔和吸收强烈噪声的作用。

因此，植物确实是人类身体健康和生命安全默默无闻的卫士。它在整个生命活动过程中不声不响地和许多危害人们的不利因素进行斗争，又不声不响地为我们创造出优美舒适的生活环境(图1-17)。

图 1-17

室内绿化，近二三十年来世界上流行以原产于热带、亚热带的观叶植物为主，也兼及茎、花、果的一些常绿植物群，并被称为室内观叶植物。由于这些植物大多原来生长在热带雨林下层，所以生长耐阴湿，不需很强的光线，很适宜室内生长。经过不断地筛选、杂交和培育，形成了许多叶形奇特怪异、千姿百态、色彩绚丽、美丽动人的新品种。

观叶植物现已成为世界各国室内绿化的主要植物。它与现代化建筑的内部装修、器物陈设结合更协调，更具现代感。所以生产、开发观叶植物已成为目前不可缺少的产业。目前花卉生产发达的国家荷兰、丹麦、比利时等国每年都有大量的观叶植物和花卉空运世界各地销售，并且每年都有新的品种推出。由于大多采用无土培养，干净卫生无污染，很受各国人们的喜爱和欢迎。这些国家的花卉市场收入有的已成为该国的主要收入。

4. 消毒功能

（1）芦荟、吊兰、虎尾兰、一叶兰、龟背竹是天然的清道夫，可以清除空气中的有害物质。有研究表明，虎尾兰和吊兰可吸收室内80%以上的有害气体，吸收甲醛的能力超强。芦荟也是吸收甲醛的好手（图1-18）。

图 1-18

（2）常青藤、铁树、菊花等能有效地清除二氧化硫、氯、乙醚、乙烯、一氧化碳、过氧化氮、硫、氟化氢、汞等有害物。

（3）紫苑属、黄耆、含烟草、黄耆属和鸡冠花等一类植物，能吸收大量的铀等放射性核素。

（4）天门冬可清除重金属微粒。

（5）除虫菊含有除虫菊酯，能有效驱除蚊虫。

（6）玫瑰、桂花、紫罗兰、茉莉等芳香花卉产生的挥发性油类具有显著的杀菌作用。

（7）紫薇、茉莉、柠檬等植物，5min内就可以杀死白喉菌和痢疾菌等原生菌。

### 1.4.2 空间功能

绿化作为室内设计的要素之一，在组织、装饰美化室内空间起着重要的作用。运用绿化组织室内空间大致有以下几种手法。

9

（1）内外空间的过渡与延伸

植物是大自然的一部分，人们在绿色植物的环境中，即感到自身处在大自然之中。将植物引进室内，使室内空间兼有外部大自然界的因素，达到了内外部空间的自然过渡。将外部的自然界植物引进延伸到室内空间，能使人减小突然从外部自然环境进到一个封闭的室内空间的感觉。为

此，我们可以在建筑入口处设置花池、盆栽或花棚；在门廊的顶部或墙面上作悬吊绿化；在门厅内作绿化甚至绿化组景；也可以采用借景的办法，通过玻璃和透窗，使人看到外部的植物世界等手法，使室内室外的绿化景色互相渗透，连成一片，既使室内的有限空间得以扩大，又完成了内外过渡的目的（图1-19）。

图 1-19　利用入口处的绿化，使植物由外部向内部过渡

（2）限定与分割空间

建筑内部空间由于功能上的要求，常常划分为不同的区域。如宾馆、商场及综合性大型公共建筑的公共大厅，常具有交通、休息、等候、服务、观赏等多功能的作用；又如开敞的办公室中工作区与走道；有些起居室中需要划分谈话休息区与就餐

或工作区。这些多种功能的空间，可以采用绿化的手法把不同用途的空间加以限定和分隔，使之既能保持各部分不同的功能作用，又不失整体空间的开敞性和完整性。

限定与划分空间的常用手法有利用盆花、花池、绿罩、绿帘、绿墙等方法作线型分隔或面的分隔（1-20）。

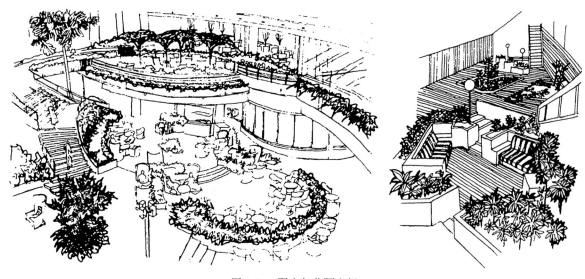

图 1-20　限定与分隔空间

（3）调整空间

利用植物绿化，可以改造空旷的大空间。在面积很大的大空间里，可以筑造景园，或利用盆栽组成片林、花堆，既能改变原有空间的空旷感，又能增加空间中的自然气氛。空旷的立面可以利用绿化分割，使人感到其高度大小宜人。

（4）柔化空间

现代建筑空间大多是由直线形和板块形构件所组合的几何体，使人感觉生硬冷漠。利用室内绿化中植物特有的曲线、多姿的形态、柔软的质感、悦目的色彩和生动的影子，可以改变人们对空间的印象并产生柔和的情调，从而改善原有空间空旷、生硬的感觉，使人感到尺度宜人和亲切（图1-21）。

图 1-21　柔化空间

（5）空间的提示与导向

现代大型公共建筑，室内空间具有多种功能。特别在人群密集的情况下，人们的活动往往需要提供明确的行动方向。因而在空间构图中能提供暗示与导向是很有必要的，它有利于组织人流和提供活动方向。具有观赏性的植物由于能强烈地吸引人们的注意力，因而常常能巧妙而含蓄地起到提示与指向人们活动的作用。在空间的出入口、变换空间的过渡处、廊道的转折处、台阶坡道的起止点，可设置花池、盆栽作提示。以重点绿化突出楼梯和主要道路的位置。借助有规律的花池、花堆、盆栽或吊盆的线型布置，可以形成无声的空间诱导路线（图1-22）。

（6）装点室内剩余空间

在室内空间中，常常有一些空间死角不好利用，这些剩余空间，利用绿化来装点往往是再好不过的。如在悬梯下部、墙角、家具或沙发的转角和端头、窗台或窗框周围，以及一些难利用的空间死角布置绿化，可使这些空间景象一新，充满生气，增添情趣（图1-23）。

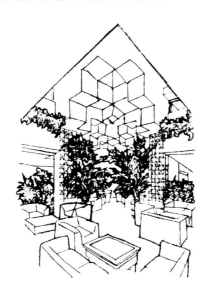

图 1-22　提示与指向

11

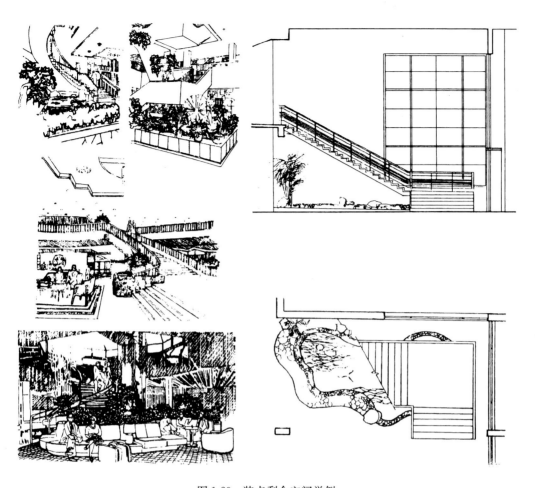

图 1-23　装点剩余空间举例

（7）创造虚拟空间

在大空间内，利用植物，通过模拟与虚构的手法，可以创造出虚拟的空间。例如，利用植物大型的伞状树冠，可以构成上部封闭的空间；利用棚架与植物可以构成周围与顶部都是植物的绿色空间，其空间似封闭又通透（图 1-24）。

（8）美化与装饰空间

以婀娜多姿具有生命的植物美化与装饰室内空间，是任何其他物品都不能与之相比的。植物以其多姿的形态、娴静素雅或斑斓夺目的色彩、清新幽雅的气味以及独特的气质作为室内装饰物，创造室内绿色气氛，美化室内空间，是人们最好的选择。植物是人们最好的观赏品，是真正活的艺术品，常常使人百看不厌，令人陶醉，让人在欣赏中去遐想、去品味它的美。

具有自然美的植物，可以更好地烘托出建筑空间、建筑装修材料的美，而且相

图 1-24　构成虚拟空间

互辉映、相得益彰。以绿色为基调兼有缤纷色彩的植物不仅可以改变室内单调的色彩，还可以使其色调更丰富、更调和。形态富于变化的植物可以柔化生硬、单调的室内空间。利用植物，无论装饰空间，装饰家具、灯具或烘托其他艺术品，如雕塑、工艺品或文物等，都能起到装饰与美

化的作用。

利用造型优美、色彩夺目的植物作为室内重点装饰物，具有良好的吸引力。它比那些品位不高的低俗的其他艺术品不知要高出多少倍。

利用植物既可创造出幽静素雅的环境气氛，也可创造出色彩斑斓、引人注目的动人景色(图 1-25)。

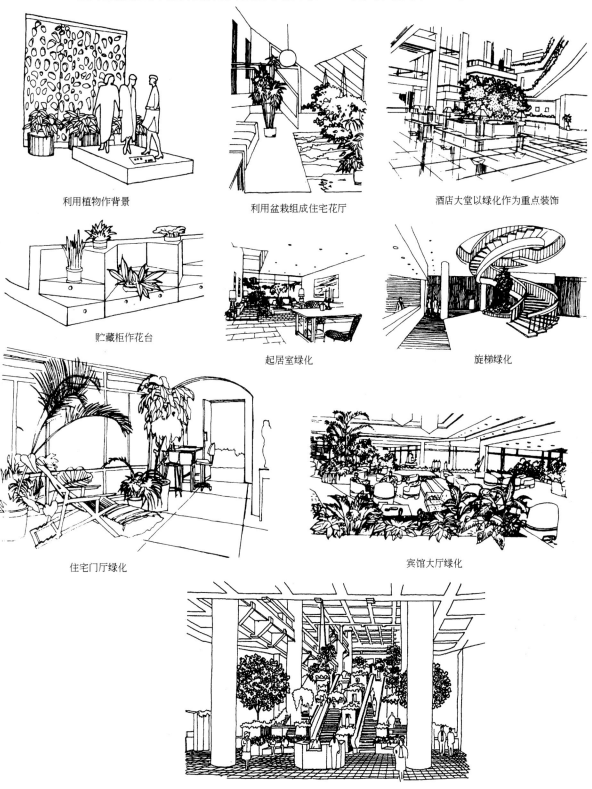

利用植物作背景　　　　　　利用盆栽组成住宅花厅　　　　酒店大堂以绿化作为重点装饰

贮藏柜作花台　　　　　　　起居室绿化　　　　　　　旋梯绿化

住宅门厅绿化　　　　　　　　宾馆大厅绿化

扶梯花园

图 1-25　装点与美化空间举例

（9）利用流动的水创造动势空间

水和石都是绿化材料之一。利用流动的水营造构成水幕式的水墙或在上下自动扶梯侧旁营造跌水流水，从而创造出有动势的空间。流动的水给人以清凉悦目的感受，并能改善室内的温度、湿度，这是现代大型公共空间常用的手法(图1-26)。

广州白天鹅宾馆楼梯
下花池及大堂绿化

图1-26　创造动式空间

（10）利用石或植物材料构成具有特殊质感的空间

在多功能的建筑内部组合中，利用不同颜色与质感的石，如毛石、砖红色、灰绿色、白色、土黄色等石砌的墙面或洞穴创造的空间，利用藤本攀援植物、原木、棕榈叶、稻草等所营造出的空间，都能明显地区别周围其他材料的空间。这些空间具有质朴与自然感，并具有乡土气息。

以室内植物作为装饰性的陈设，比其他任何陈设更具有生机和魅力。所以现代建筑常常用植物来装饰室内空间。植物以其丰富的形态和色彩可作良好的背景，在展厅或商店里用植物作展品或商品的陪衬和背景，更能引人注目和突出主题。与灯具、家具结合可成为一种综合的艺术陈设。

归纳起来，植物的空间功能主要有以下几个方面：

（1）分隔空间

以绿化分隔空间的做法是十分常见的，如在两厅室之间、厅室与走道之间以及在某些大的厅室内需要分隔成小空间的，如办公室、餐厅、旅馆大堂、展厅等。此外，在某些空间或场地的交界线，如室内外之间、室内地面高差交界处等，都可用绿化进行分隔(图1-27)。某些有空间分隔作用的围栏，如柱廊之间的围栏、临水建筑的防护栏、多层围廊的围栏等，也均可以结合绿化加以分隔。

图1-27

对于重要的部位，如正对出入口，起到屏风作用的绿化，还须作重点处理，分隔的方式大都采用地面分隔，当然，根据条件，也可采用悬垂植物，由上而下进行空间分隔。

（2）联系引导空间

联系室内外的方法是很多的，如通过铺地由室外延伸到室内，或利用墙面、顶棚或踏步的延伸，也都可以起到联系的作用。但是相比之下，都没有利用绿化更鲜明、更亲切、更自然、更惹人注目和喜爱。利用绿化的延伸来联系室内外空间，可以起到过渡和渗透的作用，通过连续的绿化布置，强化室内外空间的联系和统一(图1-28)。

图 1-28　借景是室内绿化常用的手法，在室内就可看到充满绿色的外部自然风光，室内绿化点缀一些即可

图 1-29

绿化在室内的连续布置，从一个空间延伸到另一个空间，特别在空间的转折、过渡、改变方向之处，更能发挥空间整体效果。绿化布置的连续和延伸，如果有意识地强化其突出、醒目的效果，那么，通过视线的吸引，就起到了暗示和引导作用（图 1-29）。

（3）强调重点空间

建筑入口处、楼梯进出口处、交通中心或转折处、走道尽端等，既是交通的要害和关节点，也是空间中的起始点、转折点、中心点、终结点等的重要视觉中心位置，是必须引起人们注意的位置。因此，常放置特别醒目的、更富有装饰效果的、甚至名贵的植物或花卉，使其起到强化空间、重点突出的作用（图 1-30）。

**1.4.3　美学功能**

树木花卉以其千姿百态的自然姿态、五彩缤纷的色彩、柔软飘逸的神态、生机勃勃的生命，与冷漠、生硬、工业化的金

图 1-30

属、玻璃制品及僵硬的建筑几何形体和线条形成强烈的对照。例如：乔木或灌木可以其柔软的枝叶覆盖室内的大部分空间；蔓藤植物，以其修长的枝条，从这一墙面伸展至另一墙面，或由上而下垂吊在墙面、柜、橱、书架上，如一串翡翠般的绿色枝叶装饰着，并改变了室内空间，使其具有一定的生机和亲切感（图1-31）。这是其他任何室内装饰、陈设所不能代替的。此外，植物修剪后的人工几何形态，不仅其色彩与建筑在形式上取得协调，在质地上又起到刚柔对比的特殊效果。

可以说，植物，不论其形、色、质、味，或其枝干、花叶、果实如何，都能显示出蓬勃向上、充满生机的力量，引人热爱自然，热爱生活，并陶冶人的情操。植

图 1-31　顶部的垂吊绿化，丰富了上部空间

物生长的过程，是争取生存及与大自然搏斗的过程，其形态是自然形成的，没有任何掩饰和伪装。它的美是一种自然美，洁净、纯正、朴实无华，人们从中可以得到万般启迪，使人更加热爱生命，热爱自然，陶冶情操，净化心灵，与自然共呼吸（图1-32）。

在室内配置一定量的植物，形成绿化空间，让人们置身于自然环境中，不论工作、学习、休息，都能心旷神怡，悠然自得。一丛丛鲜红的桃花，一簇簇硕果累累的金橘，给室内带来喜气洋洋，增添欢乐的节日气氛。苍松翠柏，给人以坚强、庄重、典雅之感；而淡雅纯净的兰花，则使室内清香四溢，风雅宜人（图1-33）。

图1-32

图1-33

# 第2章 绿化设计的材料与运用

## 2.1 植物的表现形式

### 2.1.1 盆景

盆景是我国传统的优秀园林艺术珍品，它富于诗情画意和生命特征，用于装点庭园，美化厅堂，使人身居厅室却能领略丘壑林泉的情趣，在我国室内绿化中有着悠久的历史和重要的作用。盆景运用不同的植物和山石等素材，经过艺术加工，仿效大自然的风姿神采和秀丽的山水，在盆中塑造出一种活的观赏艺术品。

（1）盆景的类型及风格

中国盆景艺术运用"缩龙成寸"、"小中见大"的艺术手法，给人以"一峰则太华千寻，一勺则江湖万里"的艺术感染力，是自然风景的缩影。它源于自然，而高于自然。人们把盆景誉为"无声的诗，立体的画"，"有生命的艺雕"。盆景依其取材和制作的不同，可分为树桩盆景和山水盆景两大类。

树桩盆景，简称桩景，泛指观赏植物根、干、叶、花、果的神态、色泽和风韵的盆景。一般选取姿态优美，株矮叶小，寿命长，抗性强，易造型的植物。根据其生态特点和艺术要求，通过修剪、整枝、吊扎和嫁接等技术加工和精心培育，长期控制其生长发育，使其形成独特的艺术造型。有的苍劲古朴；有的枝叶扶疏，横条斜影；有的亭亭玉立，高耸挺拔。桩景的类型有直干式、蟠曲式、斜干式、横枝式、悬崖式、垂枝式、提根式、丛林式、寄生式等。此外，还有云片、劈干、顺风、疏枝等形式。

直干式(山夹木)

蟠曲式(柏)

斜干式(朴树)

横枝式(雀梅)

过河式　横枝式的一种

垂枝式(南洋杉)

图 2-1　不同类型的树桩盆景(一)

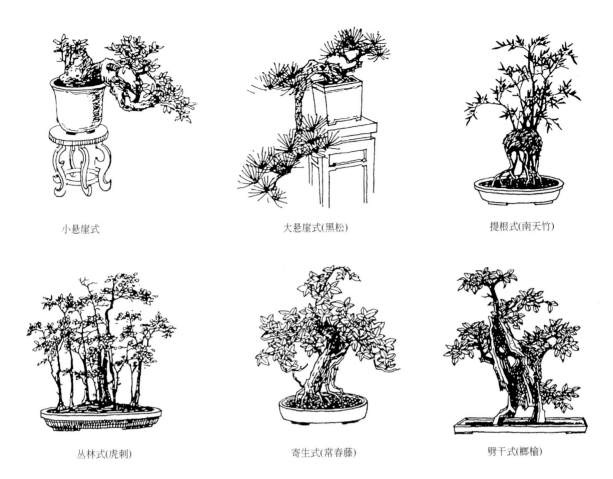

小悬崖式　　　　　　　大悬崖式(黑松)　　　　　　提根式(南天竹)

丛林式(虎刺)　　　　　　寄生式(常春藤)　　　　　　劈干式(榔榆)

图 2-1　不同类型的树桩盆景(二)

山水盆景，又叫水石盆景，是将山石经过雕琢、腐蚀、拼接等艺术和技术处理后，设于雅致的浅盆之中，缀以亭榭、舟桥、人物，并配小树、苔藓，构成美丽的自然山水景观。几块山石，雕琢得当，使人如见万仞高山，可谓"丛山数百里，尽在小盆中"。

山石材料，一类是质地坚硬、不吸水分，难长苔藓的硬石，如英石、太湖石、钟乳石、斧劈石、木化石等；另一类是质地较为疏松，易吸水分，能长苔藓的软石，如鸡骨石、芦管石、浮石、砂积石等。

山水盆景的造型有孤峰式、重叠式、疏密式等。各地山石材料的质、纹、形、色不同，运用的艺术手法和技术方法各异，因而表现的主题和所具有的风格各有所长。四川的砂积石山水盆景着重表现"峨眉天下秀"、"青城天下幽"、"三峡天下险"、"剑门天下雄"等壮丽景色，"天府之国"的奇峰峻岭、名山大川似呈现在眼前。广西的山水盆景别具一格，着重表现秀丽奇特的桂林山水之差。"几程漓水曲，万点桂山尖"、"玉簪斜插渔歌欢"等意境的盆景，使观者似泛舟清澈漓江之上，陶醉于如画的山水之间。上海的山水盆景，小巧精致，意境深远。

在山水盆景中，因取材及表现手法不同，又有一种不设水的旱盆景，例如只以石表现崇山峻岭或表现高岭、沙漠驼队等。山水盆景在风格上讲究清、通、险、阔和山石的奇特等特点。

此外，还有兼备树桩、山水盆景之特点的水旱盆景及石玩盆景。石玩盆景是选用形状奇特、姿态优美、色质俱佳的天然石块，稍加整理，配以盆、盘、座、架而成的案头清供。

孤峰式 "漓江晓趣" 风化石

疏密式 "征帆" 斧劈石

重叠式 "渔家乐" 浮石

平远式 "日出" 红岩

水旱盆景 "嘉陵渔趣" 金弹子、风化石

"群峰竞秀" 钟乳石

图 2-2　几种山水盆景造型的形式

石玩 "墨玉通灵" 花石

石玩 "灵芝异石" 钟乳石

石玩 "叠玉贯长虹" 英石

图 2-3　几种不同石材的石玩

微型盆景和挂式盆景是现代出现的新形式。微型盆景以小巧精致、玲珑剔透为特点，小的可一只手托起五、六个。这类盆景适合书房和近赏。

图 2-4 微型盆景及挂式盆景

（2）盆景盆和几架

盆景用的盆，种类很多，十分考究。一般有紫砂盆、瓷盆、紫砂盘、瓷盘、大理石盘、钟乳石"云盘"、水磨石盘等。盆、盘的形状各式各样，还可用树蔸作盆。陈设盆景的几架，也非常考究。红木几架，古色古香；斑竹、树根制作的几架轻巧自然，富于地方特色。由于盆、架在盆景艺术中也有着重要的作用，因而鉴赏盆景，有"一景二盆三几架"的综合品评之说。

各式紫砂盆

大理石、水磨石盘

瓷盆　　　紫砂刻花盆　　　陶盆　　　紫砂金星盆

图 2-5 盆景盆与盘(一)

各种釉色的瓷盆

树蔸

架上架(也称盆托)

图 2-5 盆景盆与盘(二)

钟乳石云盆

斑竹几架

红木几架

树根几架

图 2-6 各种形式的盆景几架

### 2.1.2 插花

插花在室内装饰美化中，起到创造气氛，增添情趣的作用。一瓶艳丽或淡雅的插花，给室内平添了无限的情趣。插花是以切取植物可供观赏的枝、花、叶、果、根为材料，插入容器中经过一定的技术和艺术加工，组成一件精美的，富有诗情画意的花卉装饰品。一盆成功的插花要体现出色彩、线条、造型、间隙等要素。

鲜插花

干插花

干鲜花混合插花

图 2-7　鲜花插花与干插花

插花作品是富有生机的艺术品，它能给人一种追求美、创造美的喜悦和享受，使人修身养性，陶冶情操。同时也具有一定的文化特征，体现一个国家，一个民族，一个地区的文化传统。插花所采用的不同植物体能表现出不同的意境和情趣。

插花的特点：装饰性强；作品精巧美丽；随意性强；时间性强。

1. 插花艺术的类别

（1）依花材性质分类，分为：1）鲜花插花；2）干插花；3）干鲜花混合插花；4）人造花插花。

（2）依用途分类，分为：1）礼仪插花。这类插花的主要目的是为了喜庆迎送、社交等礼仪活动。其造型简单整齐，色彩鲜艳明亮，形体较大。多以花篮、花束、花钵、桌饰、花瓶等形式出现。制作礼仪插花时，应特别注意熟悉各国和各地的用花习俗，恰当地选用其所喜爱的花材和应忌用的花材。2）艺术插花。主要是为美化装饰环境和供艺术欣赏的插花叫艺术插花。这类插花造型不拘泥于一定的形式，要求简洁而多样化；主题思想注重内涵和意境的丰富与深远，常富有诗情画意；色彩既可艳丽明快，又可素洁淡雅。

（3）依插花的艺术风格分类，分为：1）西方式插花。也称密集式插花。其特点是注重花材外形表现的形式美和色彩美，并以外形表现主题内容；注重追求块面和群体的艺术效果，作品简单、大方、凝练，构图比较规则对称，色彩艳丽浓厚，花材种类多，用量大，表现出热情奔放，雍容华丽，端庄大方的风格。2）东方式插花。有时也称线条式插花，以我国和日本为代表。它选用花材简练，以姿和质取胜，善于利用花材的自然美和所表达的内容美，即意境美，并注重季节的感受。造型除日本插花外，无风格化，不拘泥于一定的格式，形式多样化。3）目前世界上新出现的写实派、抽象派、未来派以及含意更广的西方各国盛行的花艺设计在内的插花。选材构思造型更加广泛自由，强调装饰性，更具时代性和生命力。

图 2-8　17 世纪欧洲流行的插花　　　　　图 2-9　西方现代插花(荷兰)

图 2-10　唐朝墓壁上的插花

图 2-11　14 世纪明朝壁画上的荷花及牡丹插花

图 2-12　清朝的岁朝图　　　　图 2-13　中国现代插花

图 2-14　1628～1635 年,
池坊专好以松树枝为主体的立花图

图 2-15　日本现代插花

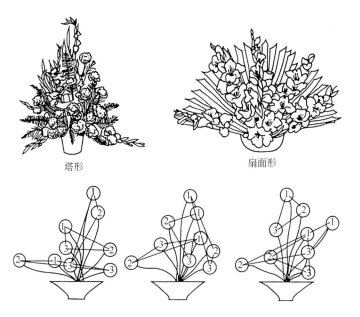

塔形　　　　　　　扇面形

图 2-16　各种不等边三角形角度的搭配构图形式

2. 插花艺术的基本构图形式

依插花作品的外形轮廓分：

（1）对称式构图形式，也称整齐式或图案式构图。

（2）不对称式构图形式，也称自然式或不整齐式构图。

（3）盆景式构图形式。

（4）自由式构图形式，这是近代各国所流行的一种插花形式，它不拘泥形式，强调装饰效果。

依主要花材在容器中的位置和姿态分有：

· 直立式　　· 下垂式

· 倾斜式　　· 水平式

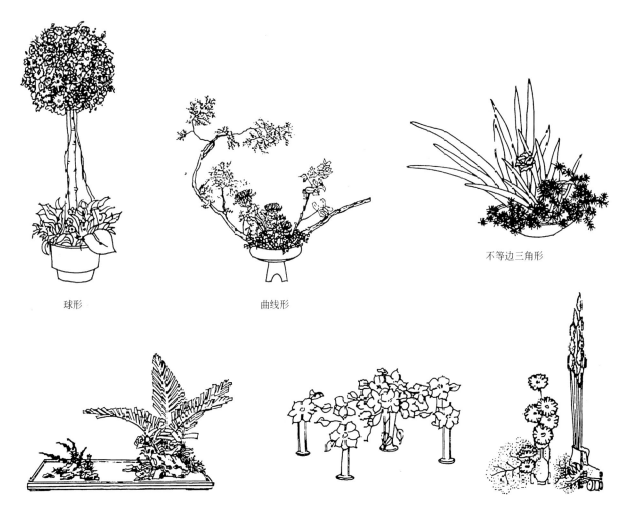

球形　　　　　　　曲线形　　　　　　　不等边三角形

盆景式构图形式　　　　　　　自由式构图形式

图 2-17　插花的基本形式（一）

25

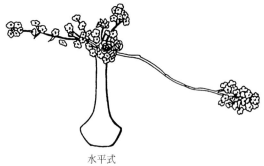

水平式

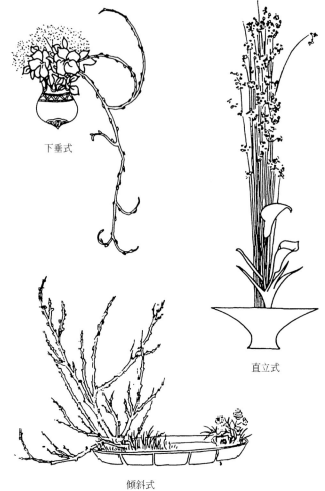

下垂式

直立式

倾斜式

图 2-17 插花的基本形式(二)

3. 插花艺术的设计与构图原理

插花的构思立意 是指如何表现插花作品的思想内容和意义,确立插花的主题思想,常从以下几方面进行构思。

(1)根据花材的形态特征和品行进行构思,这是中国传统插花最善用的手法。梅花傲雪凌寒,象征坚韧不拔的精神;松树苍劲古雅,象征老人的智慧和长寿;竹秀雅挺拔,常绿不凋,象征坚贞不屈,智慧和谦虚等。此外还常借植物的季节变化,创作应时插花,体现四秀的演变。

(2)巧借容器和配件进行构思。

(3)利用造型进行构思表现主题,在花材剪裁组合中,根据构图的形象加以象征性的立意和命题,使造型的形象,有时是逼真的,有时是似像非像令人想象的。

插花构图造型的基本原则是统一、协调、均衡和韵律四大主要原则。

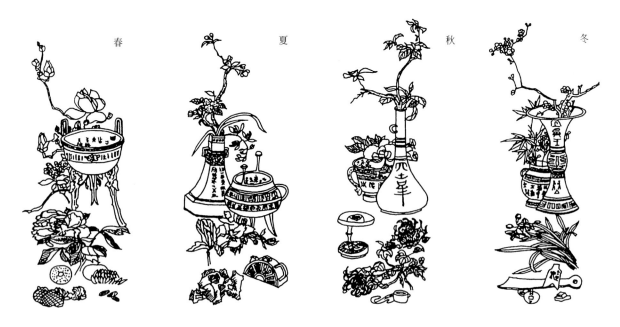

春　　夏　　秋　　冬

图 2-18 我国古代四季应时插花

苏铁叶修剪造型　　　　苏铁叶卷曲造型

朴葵叶修剪造型

棕榈叶修剪造型

槟榔叶修剪造型

加工前

细金属丝

金属丝深入花梗内

非洲菊花梗的加工方法

加工前　加工后　加工前　加工后

月季细弱花梗
的加工方法

香石竹花萼开裂
散瓣的加工方法

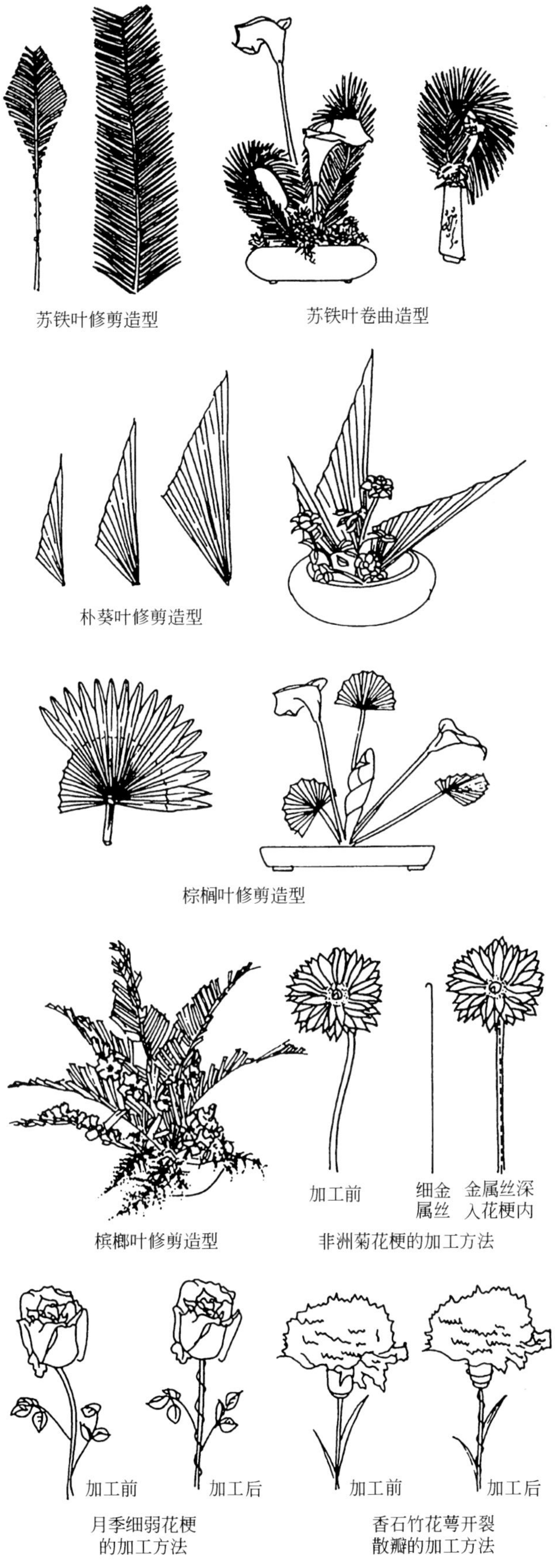

图 2-19　花材的选择与处理

4. 插花技术

（1）插花工具

必备的工具有：刀、剪、花插、花泥、金属丝、水桶、喷壶等。制作大型插花最好备有小手锯、小钳子及剑筒等。

（2）插花容器

除花瓶外，凡能容纳一定水量的盆、碗、碟、罐、杯子，以及其他能盛水的工艺装饰品都可作插花容器。

（3）花材的选择与处理

自然界中可供插花的植物材料非常多，被选用的花材应具备以下条件：生长强健，无病虫害；花期长，水养持久；花色鲜艳明亮或素雅洁净；花梗长而粗壮；无刺激味，不易污染衣物。

在现代插花创作中，特别是在自由式插花中，常常将许多衬叶修剪和弯曲成各种形状，甚至加以固定，以满足造型的需要。

（4）花材切口的处理

为了延长水养时间，常在插前采取如下措施：清晨剪取；水中剪取；用沸水浸烫或用火灼烧切口；扩大切口面积；增加吸水量。

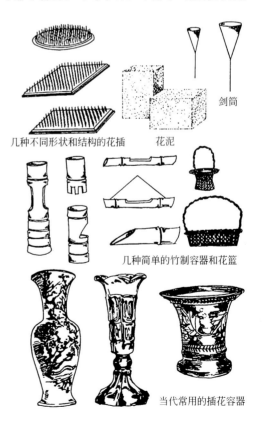

剑筒

几种不同形状和结构的花插　　花泥

几种简单的竹制容器和花篮

当代常用的插花容器

图 2-20　插花工具与容器（一）

27

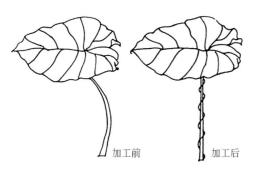

加工前　　　加工后

草质大型叶柄的加工

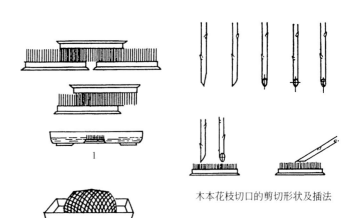

1

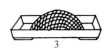

2

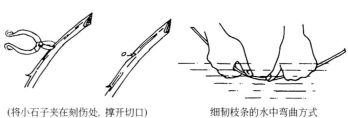

3

浅身容器的固定方法
1—插入大的木本枝条时，可用剑山重压法
2—选用浅盆用剑山时，水位要高过花插
3—浅盘也可用金属网固定花枝

木本花枝切口的剪切形状及插法

花泥　　　金属网

花泥、花插外加盖金属网罩的方法

图 2-20　插花工具与容器（二）

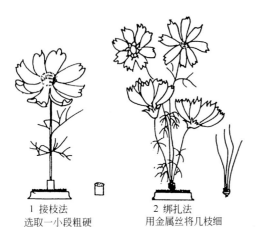

1　接枝法
选取一小段粗硬的花梗作接枝

2　绑扎法
用金属丝将几枝细花枝绑扎在一起再将插入花插上

细软花枝固定方法

1　倾斜式　　　2　　　3
因木本花枝上部造形偏重，插入花插的位置应各异

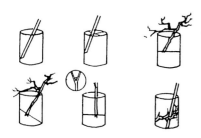

高身容器花材的几种固定方法

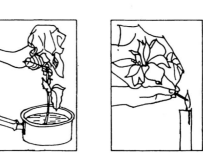

（将小石子夹在刻伤处，撑开切口）　　　细韧枝条的水中弯曲方式

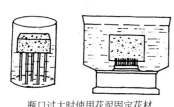

瓶口过大时使用花泥固定花材

浸烫法　　　灼烧法　　　锤裂法

图 2-21　花材的处理方法

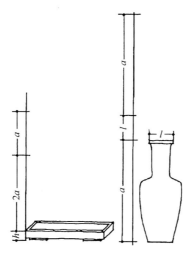

图 2-22　主要花枝长度的计算方法
（即插花高度的计算方法）

## 5. 插花的具体方法与步骤

### （1）确定比例关系

在制作之前，首先应根据环境条件的需要，决定插花作品的体形大小。一般大型作品可高达 1～2m，中型作品高40～80cm，小型作品高 15～30cm，而微型作品高不足 10cm。不管制作哪类作品，体形大小都应当按照视觉距离要求，确定花林之间和容器之间的长短、大小比例关系，即最长花枝一般为容器高度加上容器口宽的 1～2 倍。计算方法如下图。

### （2）具体方法与步骤

几种简单造型的制作方法与步骤。

图 2-23　中型花篮制作步骤

花材：棕榈、唐菖蒲、火鹤、菊花、月季、热带兰、蜈蚣草、天冬草、绣球松

容器和用具：中型花篮、花泥

步骤：①先放花泥后插衬叶；②插入常绿植物；
　　　③插摆外围花卉；④插摆内部花卉；
　　　⑤完成

浅身容器插花制作步骤
（名称：丛中笑）
花材：鸢尾、月季、天冬草
容器和用具：水仙盆、花泥
步骤：①选材；②选插衬景叶；
　　　③插花后完成

高身容器插花制作步骤(名称：腾飞)
花材：苏铁、绣球松、火鹤、月季、唐菖蒲
容器和用具：深色瓷花瓶
步骤：①插衬景叶；②插摆花；③完成

图 2-24　插花制作步骤

### 2.1.3 造景

综合利用植物、水、石等材料元素，或者是多株植物的组合搭配，在室内空间开辟人造绿化景观，可以看作是微缩的自然景园，或者是自然景园的一部分，从而具有更为强烈的视觉效果。

## 2.2 植物材料及其特点

见图 2-25、图 2-26。

图 2-25

图 2-26

### 2.2.1 常用室内绿化植物的特点

适宜室内长期生长的观叶植物很多，如羊齿苋、肾蕨、巢蕨、鸭跖草、虎儿草、网纹草、吊兰、一叶兰（蜘蛛抱蛋）、热带兰、鹤望兰、合果芋、花叶芋、竹芋、凤梨、火鹤花、万年青、吊竹梅、秋海棠、绿萝、常春藤、龟背竹、春羽、洞仙、喜林芋等。

有许多木本植物也很适合室内观赏，尤其用于室内景园更为适合。如鹅掌柴（手树）、发财树、棕竹、富贵竹、观音竹、佛肚竹、南天竹、散尾葵、鱼尾葵、蒲葵、铁树、兜树、啤酒树、榕树、芭蕉、朱蕉。

另外一些多肉的植物及仙人掌类植物是我国传统常用的室内观赏植物，它们大都能开出美丽的花，如景天、芦荟、虎尾兰、燕子掌、仙人球、山影拳、令箭荷花、蟹爪兰等。

见表 2-1，图 2-27。

**室内常用植物选用表**  表 2-1

| 类别 | 名 称 | 高度（m） | 叶 | 花 | 光 | 最低温度（℃） | 湿度 | 用途 盆栽 | 用途 悬挂 | 用途 攀缘 |
|---|---|---|---|---|---|---|---|---|---|---|
| | 诺和科南洋杉 | 1～3 | 绿 | | 中、高 | 10 | 中 | ○ | | |
| | 巴西铁树 | 1～3 | 绿 | | 中、高 | 10～13 | 中 | ○ | | |
| | 竹棕 | 0.5～3 | 绿 | | 中、高 | 10～13 | 中 | ○ | | |
| | 散尾葵 | 1～10 | 绿 | | 中、高 | 16 | 高 | ○ | | |
| | 孔雀木 | 1～3 | 绿褐 | | 中、高 | 15～18 | 中 | ○ | | |
| | 白边铁树 | 1～3 | 深绿 | | 低—高 | 10～15 | 中 | ○ | | |
| | 马尾铁树 | 0～3 | 绿红 | | 中、高 | 10～13 | 低 | ○ | | |
| | 熊掌木 | 0.5～3 | 绿 | | 中、高 | 6 | 中 | ○ | | |
| 树 | 银边铁树 | 0.5～3 | 绿 | | 低—高 | 3～5 | 中 | ○ | | |
| 木 | 变叶木 | 0.5～3 | 复色 | | 高 | 15～18 | 中 | | | |
| 类 | 垂叶榕 | 1～3 | 绿 | | 中、高 | 10～13 | 中 | | | |
| | 印度橡胶榕 | 1～3 | 深绿 | | 中、高 | 5～7 | 中 | | | |
| | 琴叶榕 | 1～3 | 浅绿 | | 中、高 | 13～16 | 中 | | | |
| | 维奇氏露兜树 | 0.5～3 | 绿黄 | | 中、高 | 16 | 中 | ○ | | |
| | 棕竹 | 3～ | 绿 | | 低—高 | 7 | 低 | ○ | | |
| | 鸭脚木 | 3～ | 绿 | | 低—高 | 10～13 | 低 | ○ | | |
| | 针葵 | 1～5 | 绿 | | 中、高 | 10～13 | 高 | | | |
| | 鱼尾葵 | 1～10 | 绿 | | 中、高 | 10～13 | 高 | | | |
| | 观音竹 | 0.5～1.5 | 绿 | | 低、高 | 7 | 高 | ○ | | |

| 类别 | 名称 | 高度（m） | 叶 | 花 | 光 | 最低温度（℃） | 湿度 | 盆栽 | 悬挂 | 攀缘 |
|---|---|---|---|---|---|---|---|---|---|---|
| | | | | | | | | 用途 | | |
| 观叶类 | 铁线蕨 | 0～0.5 | 绿 | | 中、高 | 10 | 高 | ○ | ○ | |
| | 细斑粗肋草 | 0～0.5 | 绿 | | 低—高 | 13～15 | 中 | ○ | | |
| | 粤万年青 | 0～0.5 | 绿 | | 低、中 | 13～15 | 中 | ○ | | |
| | 花烛 | | | | 低、中 | 10～13 | 中 | ○ | | |
| | 火鹤花 | | 深绿 | | 低、中 | 10～13 | 高 | ○ | | |
| | 文竹 | 0～3～ | 绿 | | 中、高 | 7～10 | 中 | ○ | ○ | ○ |
| | 天门冬 | 0～1 | 绿 | | 中、高 | 7～10 | 中 | ○ | ○ | |
| | 一叶兰 | 0～0.5 | 深绿 | | 低 | 5～7 | 低 | ○ | | |
| | 蟆叶秋海棠 | 0～0.5 | 复色 | | 低—高 | 7～10 | 中 | ○ | | |
| | 花叶芋 | 0～0.5 | 复色 | | 中 | 20 | 高 | ○ | | |
| | 箭羽纹叶竹芋 | 0～1 | 绿 | | 中 | 15 | 高 | ○ | | |
| | 吊兰 | 0～1 | 绿白 | | 中 | 7～10 | 中 | ○ | ○ | |
| | 花叶万年青 | 0～0.5 | 绿 | | 低—高 | 15～18 | 中 | ○ | | |
| | 绿萝 | 0～1 | 绿 | | 低、中 | 16 | 高 | ○ | ○ | ○ |
| | 富贵竹 | 0～1 | 绿 | | 低、中 | 10～13 | 中 | ○ | | |
| | 黄金葛 | 0～1 | 暗绿 | | 中 | 16 | 高 | ○ | ○ | ○ |
| | 洋常春藤 | 0.5～3 | 绿 | | 低—高 | 3～5 | 中 | ○ | ○ | ○ |
| | 龟背竹 | 0.5～3 | 绿 | | 中 | 10～13 | 中 | ○ | | ○ |
| | 春羽 | 0.5～1.5 | 绿 | | 中 | 13～15 | 中 | ○ | | |
| | 琴叶蔓绿绒 | 0～1 | 绿 | | 中 | 13～15 | 中 | ○ | | ○ |
| | 虎尾兰 | 0～1 | 绿黄 | | 低—高 | 7～10 | 低 | ○ | | |
| | 豹纹竹芋 | 0～0.5 | 绿 | | 低—高 | 16～18 | 中 | ○ | | |
| | 鸭跖草 | 0～3 | 绿、紫 | | 中 | 10 | 中 | ○ | ○ | |
| | 海芋 | 0.5～2 | 绿 | | 中 | 10～13 | 中 | ○ | | |
| | 银星海棠 | 0.5～1 | 复色 | | 中 | 10 | 中 | ○ | | |
| 观花类 | 珊瑚凤梨 | 0～0.5 | 浅绿 | 粉红 | 高 | 7～10 | 中 | ○ | | |
| | 大红芒毛苣苔 | 0.5～3 | 绿 | 红 | 高 | 18～21 | 高 | ○ | ○ | |
| | 大红鲸鱼花 | 0.5～3 | 绿 | 鲜红 | 中 | 15 | 中 | | ○ | |
| | 白鹤芋 | 0～0.5 | 深绿 | 白 | 低—高 | 8～13 | 高 | ○ | | |
| | 马蹄莲 | 0～0.5 | 绿 | 白、黄、红 | 中 | 10 | 中 | ○ | | |
| | 瓜叶菊 | 0～0.5 | 绿 | 多色 | 中、高 | 15 | 中 | ○ | | |
| | 鹤望兰 | 0～1 | 绿 | 红、黄 | 中 | 10 | 中 | ○ | | |
| | 八仙花 | 0～0.5 | 绿 | 复色 | 中 | 13～15 | 中 | ○ | | |

室内植物种类繁多，大小不一，形态各异。常用的室内观叶、观花植物如下：

1. 木本植物

（1）印度橡胶树。喜温湿，耐寒，叶密厚而有光泽，终年常绿。树型高大，3℃以上可越冬，应置于室内明亮处。原产印度、马来西亚等地，现在我国南方已广泛栽培。

（2）垂榕。喜温湿，枝条柔软，叶互生，革质，卵状椭圆形，丛生常绿。自然分枝多，盆栽成灌木状，对光照要求不严，常年置于室内也能生长，5℃以上可越冬。原产印度，我国已有引种。

（3）蒲葵。常绿乔木，性喜温暖，耐阴，耐肥，干粗直，无分枝，叶硕大，呈扇形，叶前半部开裂，形似棕榈。在我国广东、福建广泛栽培。

（4）假槟榔。喜温湿，耐阴，有一定耐寒抗旱性，树体高大，干直无分枝，叶呈羽状复叶。在我国广东、海南、福建、台湾广泛栽培。

（5）苏铁。名贵的盆栽观赏植物，喜温湿，耐阴，生长异常缓慢，茎高3m，需生长100年，株精壮、挺拔，叶族生茎顶，羽状复叶，寿命在200年以上。原产我国南方，现各地均有栽培。

（6）诺福克南洋杉。喜阳耐旱，主干挺秀，枝条水平伸展，呈轮生，塔式树形，叶秀繁茂。室内宜放近窗明亮处。原产澳大利亚。

（7）三药槟榔。喜温湿，耐阴，丛生型小乔木，无分枝，羽状复叶。植株4年可达1.5～2.0m，最高可达6m以上。我国亚热带地区广泛栽培。

（8）棕竹。耐阴，耐湿，耐旱，耐瘠，株丛挺拔翠秀。原产我国、日本，现我国南方广泛栽培。

（9）金心香龙血树。喜温湿，干直，叶群生，呈披针形，绿色叶片，中央有金黄色宽纵条纹。宜置于室内明亮处，以保证叶色鲜艳，常截成树段种植，长根后上盆，独具风格。原产亚、非热带地区，5℃可越冬，我国已引种，普及。

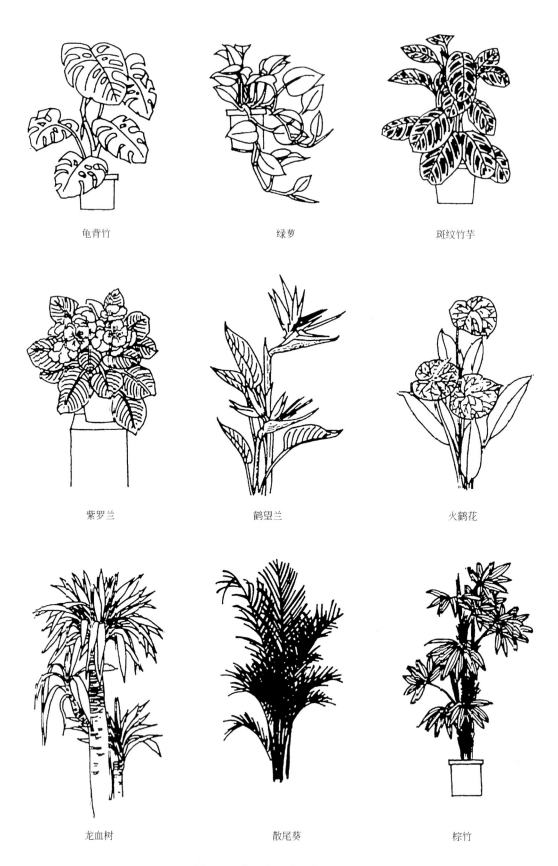

龟背竹　　　　　　　　　绿萝　　　　　　　　　斑纹竹芋

紫罗兰　　　　　　　　　鹤望兰　　　　　　　　　火鹤花

龙血树　　　　　　　　　散尾葵　　　　　　　　　棕竹

图 2-27　常用的几种室内观叶植物

（10）银线龙血树。喜温湿，耐阴，株低矮，叶群生，呈披针形，绿色叶片上分布几白色纵纹。

（11）象脚丝兰。喜温，耐旱耐阴，圆柱形干茎，叶密集于茎干上，叶绿色呈披针形。截段种植培养。原产墨西哥、危地马拉地区，我国近年引种。

（12）山茶花。喜温湿，耐寒，常绿乔木，叶质厚亮，花有红、白、紫或复色。是我国传统的名花，花叶俱花，备受人们喜爱。

（13）鹅掌木。常绿灌木，耐阴喜湿，多分枝，叶为掌状复叶，一般在室内光照下可正常生长。原产我国南部热带地区及日本等地。

（14）棕榈。常绿乔木，极耐寒、耐阴，圆柱形树干，叶簇生于茎顶，掌状深裂达中下部，花小黄色，根系浅而须根发达，寿命长，耐烟尘，抗二氧化硫及氟的污染，有吸收有害气体的能力。室内摆设时间，冬季可1~2个月轮换一次，夏季半个月就需要轮换一次。棕榈在我国分布很广。

（15）广玉兰。常绿乔木，喜光，喜温湿，半耐阴，叶长椭圆形，花白色，大而香。室内可放置1~2个月。

（16）海棠。落叶小乔木，喜阳，抗干旱，耐寒，叶互生，花簇生，花红色转粉红。品种有贴梗海棠、垂丝海棠、西府海棠、木瓜海棠，为我国传统名花。可制作成桩景、盆花等观花效果，宜置室内光线充足、空气新鲜之处。我国广泛栽种。

（17）桂花。常绿乔木，喜光，耐高温，叶有柄，对生，椭圆形，边缘有细锯齿，革质深绿色，花黄白或淡黄，花香四溢。树性强健，树龄长。我国各地普遍种植。

（18）栀子。常绿灌木，小乔木，喜光，喜温湿，不耐寒，吸硫，净化大气，叶对生或三枚轮生，花白香浓郁。宜置室内光线充足、空气新鲜处。我国中部、南部、长江流域均有分部。

2. 草本植物

（1）龟背竹。多年生草木，喜温湿、半耐阴，耐寒耐低温，叶宽厚，羽裂形，叶脉间有椭圆形孔洞。在室内一般采光条件下可正常生长。原产墨西哥等地，现已很普及。

（2）海芋。多年生草本，喜湿耐阴，茎粗叶肥大，四季常绿。我国南方各地均有培植。

（3）金皇后。多年生草本，耐阴，耐湿，耐旱，叶呈披针形，绿叶面上嵌有黄绿色斑点。原产于热带非洲及菲律宾等地。

（4）银皇帝。多年生草本，耐湿，耐旱，耐阴，叶呈披针形，暗绿色叶面嵌有银灰色斑块。

（5）广东万年青。喜温湿，耐阴，叶卵圆形，暗绿色。原产我国广东等地。

（6）白掌。多年生草本，观花观叶植物，喜湿耐阴，叶柄长，叶色由白转绿，夏季抽出长茎，白色苞片，乳黄色花序。原产美洲热带地区，我国南方均有栽植。

（7）火鹤花。喜温湿，叶暗绿色，红色单花顶生，叶丽花美。原产中、南美洲。

（8）菠叶斑马。多年生草本观叶植物，喜光耐旱，绿色叶上有灰白色横纹斑，中央呈状贮水，花红色，花茎有分枝。

（9）金边五彩。多年生观叶植物，喜温，耐湿，耐旱，叶厚亮，绿叶中央镶白色条纹，开花时茎部逐渐泛红。

（10）斑背剑花。喜光耐旱，叶长，叶面呈暗绿色，叶背有紫黑色横条纹，花茎绿色，由中心直立，红色似剑。原产南美洲的圭亚那。

（11）虎尾兰。多年生草本植物，喜温耐旱，叶片多肉质，纵向卷曲成半筒状，黄色边缘上有暗绿横条纹似虎尾巴，称金边虎尾兰。原产美洲热带，我国各地普遍栽植。

（12）文竹。多年生草本观叶植物，喜温湿，半耐阴，枝叶细柔，花白色，浆果球状，紫黑色。原产南非，现世界各地均有栽培。

（13）蟆叶秋海棠。多年生草本观叶植物，喜温耐湿，叶片茂密，有不同花纹图案。原产印度，我国已有栽培。

（14）非洲紫罗兰。草本观花观叶植物，与紫罗兰特征完全不同，株矮小，叶卵圆形，花有红、紫、白等色。我国已有栽培。

（15）白花呆竹草。草木悬垂植物，半耐阴，耐旱，茎半蔓性，叶肉质呈卵形，银白色，中央边缘为暗绿色，叶背紫色，开白花。原产墨西哥，我国近年已引种。

（16）水竹草。草本观叶植物，植株匍匐，绿色叶片上满布黄白色纵向条纹，吊挂观赏。

（17）兰花。多年生草本，喜温湿，耐寒，叶细长，花黄绿色，香味清香。品种繁多，为我国历史悠久的名花。

（18）吊兰。常绿缩根草本，喜温湿，叶基生，宽线形，花茎细长，花白色。品种多，原产非洲，现我国各地已广泛培植。

（19）水仙。多年生草本，喜温湿，半耐阴，秋种，冬长，春开花，花白色芳香。我国东南沿海地区及西南地区均有栽培。

（20）春羽。多年常绿草本植物，喜温湿，耐阴，茎短，丛生，宽叶羽状分裂。在室内光线不过于微弱之地，均可盆养。原产巴西、巴拉圭等地。

3. 藤本植物

（1）大叶蔓绿绒。蔓性观叶植物，喜温湿，耐阴，叶柄紫红色，节上长气生根，叶戟形，质厚绿色，攀缘观赏。原产美洲热带地区。

（2）黄金葛（绿萝）。蔓性观叶植物，耐阴，耐湿，耐旱，叶互生，长椭圆形，绿色上有黄斑，攀缘观赏。

（3）薜荔。常绿攀缘植物，喜光，贴壁生长。生长快，分枝多。我国已广泛

栽培。

（4）绿串珠。蔓性观叶植物，喜温，耐阴，茎蔓柔软，绿色珠形叶，悬垂观赏。

4. 肉质植物

（1）彩云阁。多肉类观叶植物，喜温，耐旱，茎干直立，斑纹美丽。宜近窗设置。

（2）仙人掌。多年生肉质植物，喜光，耐旱，品种繁多，茎节有圆柱形、鞭形、球形、长圆形、扇形、蟹叶形等，千姿百态，造型独特，茎叶艳丽，在植物中别具一格。培植养护都很容易。原产墨西哥、阿根廷、巴西等地，我国已有少数品种。

（图2-28）

### 2.2.2 植物在室内空间中的运用

植物在室内空间有多种用法。总的来说，植物布局首先应与周围环境形成一个整体，植物数量和植株高度都应根据建筑空间的尺度比例来定。室内绿化的布局可归纳为点式、线式和面式3种基本布局形式。点式布局就是独立或成组集中布置，往往布置于室内空间的重要位置，成为视觉的焦点，所用植物的体量、姿态和色彩等要有较为突出的观赏价值（图2-29、图2-30）。线式布局就是植物成线状（直线或曲线）排列，在空间上，线状绿化表现出的是一定的走向性，其主要作用是引导视线，划分室内空间（图2-31）。作为空间界面的一种标志，选用植物要统一，可以是同一种植物成线状排列，同一体形、同一大小、同一体量和同一色彩；也可以是多种植物交错成线状排列。设计线状绿化要充分考虑到空间组织和构图的要求，高低、曲直、长短等都要以空间组织的需要和构图规律为依据。也可以起到划分功能空间的作用。因此，线状绿化是点、线、面绿化中最常用的手段（图2-32）。面式布局就是成块集中布置，强调数量以及整体效果，大多用作室内空间的背景绿化，起陪衬和烘托作用（图2-33）。

细裂珊瑚油桐

箭头合果芋

花叶木薯

香港斑叶鹅掌藤

绿玉黛粉叶

小朱蕉

图 2-28(一)

金脉爵床

放射叶鹅掌柴

冰纹叶洋常春藤

鹤望兰

水塔花

虎尾兰

图 2-28(二)

彩叶凤梨

斑叶花凤梨

花斑花叶芋

金边富贵竹

天鹅绒竹芋

彩虹竹芋

龟背竹

图 2-28(三)

松叶蕨

斑马椒草

尖叶肾蕨

加拿利常春藤

虎耳草

洒金蜘蛛抱蛋

冷水花

黄金葛

图 2-28(四)

图 2-29

图 2-30

图 2-31

图 2-32

图 2-33

室内绿化的布置在不同的场所，如酒店宾馆的门厅、大堂、中庭、休息厅、会议室、办公室、餐厅以及住户的居室等，均有不同的要求，应根据不同的功能和目的，采取不同的布置方式。而随着空间位置的不同，绿化的作用和地位也随之变化，可分为：（1）处于重要地位的中心位置，如大厅中央；（2）处于较为主要的关键部位，如出入口处（图2-34）；（3）处于一般的边角地带，如墙边角隅（图2-35）。

同样，也应根据不同的空间位置，选择相应的植物品种。但室内绿化通常是利用室内剩余空间，或不影响交通的墙边、角隅，并利用悬、吊、壁龛、壁架等进行布置，尽量少占室内使用面积。而某些攀缘、藤萝类植物又宜于垂悬，以充分展现其风姿。因此，室内绿化的布置，应从平面和垂直两方面进行考虑，使其形成立体的绿色环境。

（1）重点装饰与边角点缀

把室内绿化作为主要陈设并成为视觉中心，布置在厅室的中央，以其形、色的特有魅力来吸引人们，是许多厅室常采用的一种布置方式（图2-36）。

（2）结合家具、陈设等布置绿化

室内绿化除了单独落地布置外，还可与家具、陈设、灯具等室内物件结合布置，相得益彰，组成有机整体（图2-37）。

（3）垂直绿化

垂直绿化通常采用天棚、栏杆上悬吊和攀缘方式（图2-38）。

（4）沿窗布置绿化

靠窗布置绿化，能使植物接受更多的日照，并形成室内绿色景观。可以做成花槽或采用低台上置小型盆栽等方式（图2-39）。

图 2-34

图 2-35

图 2-36　由高大的鱼尾葵及各种花卉组成的花坛式植物造景，是室内观赏的重点

图 2-37

图 2-38

图 2-39

## 2.3 种植手法与规律

如果把所有具体的绿化植物设计的形式都罗列出来，将是非常庞大的工作。因此，我们需要对如此繁多的种植形式进行总结和归纳。总体来看，可分为以下两类：

### 2.3.1 规则式种植设计

规则式种植主要有带状形、方形、圆形或其他几何形。每一种植物要大小统一，按照图案单元进行反复组合。如图2-40～图2-42。

### 2.3.2 自然式种植设计

自然式种植设计是模仿自然界的植物生长规律，自然界的植物，无论是一、二株，还是树丛树林，总是生长得生动自然，看上去无规律可循，有的密聚一丛，有的孤一崩二，三五散置。其实它也有其独特的规律，否则无法可循，漫无规律，就谈不上有种植手法和规律了。

1. 孤植

孤植是采用较多最为灵活的形式，适宜于室内近距离观赏。其姿态、色彩要求优美、鲜明，能给人以深刻的印象，应注意其与背景的色彩与质感的关系，并有充足的光线来体现和烘托。在室内或室内景园中种植一株孤立的树，主要是为了构图艺术上的需要，并作为欣赏的主景。因此，必须选择体形和姿态均要美的树作孤植树。例如榕树、香樟、柠檬桉、南洋杉、槟榔、鱼尾葵、无花果等树木，都能给人以美的艺术感染。

孤植树宜植于人流交叉的中心，作为人流分道、环绕，并作为主要观赏物。

孤植树宜植于道路转弯处，作为诱导、焦点树。

孤植树宜植于草坪上，平坦而绿茵茵的草坪能更好地衬托出其优美的姿态。

孤植树在室内景园中宜与山石配合，石宜透漏生奇，树应盘曲苍古，别有情趣。

孤树也宜种植在墙前窗下，以墙为纸，

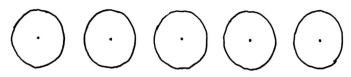

图2-40 同一品种植物，大小一样，株距一样，进行直线或规则曲线排列

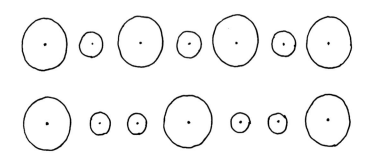

图2-41 用两种花木，每一品种大小一样，按照一定的模式进行排列

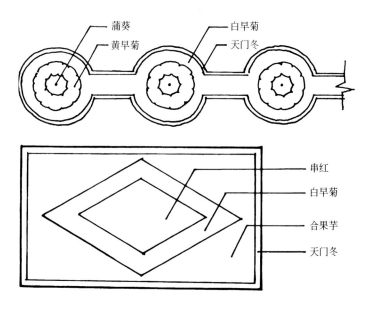

图2-42 利用多种花木组成图案式花坛

以树为绘，如立体的画。

2. 对植

对植在规则式种植构图中，对称种植的形式无论在通道的两侧或门口，是经常应用的。自然式种植的对植是不对称的，而是均衡的。最简单的对植形式是运用两株独树，分布在构图中轴线两侧。但必须采用同一种树，而大小、姿态又必须有区别，动势要向中轴线集中；与中轴线的距离，大树要近，小树要远；两树种植点的连线不能垂直中轴线。（图2-43）

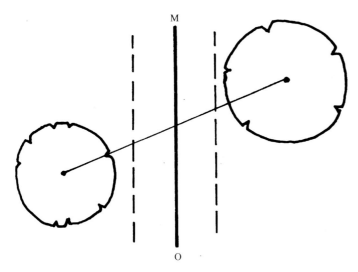

图 2-43　均衡对称种植

对植，也可一侧为一株大树，另一侧为同种的两株小树；也可以是两个树丛或树群。但是树丛和树群的组合树种，左右必须相近。当对植为三株以上植物配合时，可以用两种以上的树种。两个树群对植，可以构成夹景。

3. 群植

一种是同种花木组合群植。它可充分突出某种花木的自然特性，突出园景的特点；另一种是多种花木混合群植。它可以配合山石水景，模仿大自然形态。配置要求疏密相间，错落有致，丰富景色层次，增加园林式的自然美。一般是姿美、颜色鲜艳的小株在前，型大浓绿的在后。

依照是否可以更换、移动，又可分为固定、不固定两种配置形式。固定形式是指将植物直接栽植在建筑完成后预留出的固定位置，如花池、花坛、栏杆、棚架及景园等处。一经栽培，就不再更换。不固定形式是将植物栽植于容器中，可随时更换或移动，灵活性较强。

另外还有攀缘、下垂、吊挂、镶嵌、挂壁形式，以及盆景、插花和水生植物的配置形式。

群植的树丛通常由两株到十来株较大的树组成，亦可再加入几株灌木，作为植物构图上的主景。树丛主要表现的是树木的群体美，同时在统一的构图之中也要注意到其个体美。

树丛在作用上，可作主景用，也可作诱导或作配景用。作为主景或焦点时，可配植在大厅堂中央、草坪中心、水边或土丘之上；作诱导用可以植于通道的尽端，或道路转弯以及室内的角隅；也可以在为这些地方作屏障，起对景及配景的作用。在室内景园中，树丛主要起观赏作用，人们可以进入景中观赏或休息。以观赏为主的树丛可以乔木灌木混合种植，可以配以山石和多年生花卉，使之成为一定的植物群落自然混合生长。

以下是几种不同的种植形式举例（图2-44～图2-53）。

图 2-44　孤植式

图 2-45　对植式

图 2-46　多种花木混合群植式

图 2-47　固定式

图 2-51　不固定式

图 2-48　攀缘式

图 2-52　镶嵌式与壁挂式

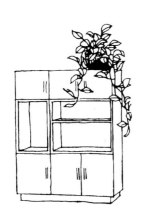

图 2-49　下垂式

图 2-53　同种花木组合群植式

植物的配置需十分注意所在场所的整体关系，把握好它与环境其他形象的比例尺度，尤其是与人的动静关系，把植物置身于人视域的合适位置。如为大尺度的植物，一般多盆栽于靠近空间实体的墙、柱等较为安定的空间，与来往人群的交通空间保持一定的距离，让人观赏到植物的杆、枝、叶的整体效果。中等尺度的植物可放在窗、桌、柜等略低于人视平线的位置，便于人观赏植物的叶、花、果。小尺度的植物往往以小巧出奇制胜，盆栽容器的选配也需匠心，置于橱柜之顶，搁板之

图 2-50　吊挂式

上或悬吊空中，让人全方位来观赏。

从植物作为室内绿化的空间位置和所具形体来看，绿化的配置不外乎是水平和垂直两种形式。由于植物中乔、灌木及花草各有不同的形象特色，以树干形态、枝叶色泽，或以花叶扶疏来吸引人。室内绿化的配置应抓住这些形象特色，发挥出它们最富有表现力的形象特征，以点、线、面的不同格局创造丰富的水平和垂直向的绿化效果(图 2-54～图 2-57)。

图 2-54　点配置的绿化
主要选用具有较高观赏价值的植物，作为室内环境的某一景点，具有装饰和观赏两种作用。应注意它的空间构图及与周围环境的配合

图 2-55　线配置的绿化
选用形象形态较为一致的植物，以直线或曲线状植于地面、盆或花槽中而连续排列。常配合静态空间的划分，动态空间的导向，起到组织和疏导的作用

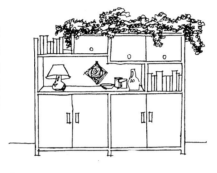

图 2-56　面配置的绿化
最好选用耐旱、耐阴的蔓生、藤本植物或观叶植物。在空间成片悬挂或布满墙面，给人以大面的整体视觉效果，也可作为某一主体形象的衬景或起遮蔽作用

图 2-57　体配置的绿化
是一种具有半室内、半室外效果的温室和空间绿化，也可称为室内景园，多用于宾馆或大型公共建筑。在一般住宅中，对阳台加以改造，也可创造精彩的绿化空间

下面就二株、三株、四株至八九株植物自然式种植规律分析如下：

（1）两株的配合

两株植物配合，亦须符合多样统一的原理，这就要求所选用的两株树木必须有共相，才能统一；又必须有殊相，才能有变化和对比。差别太大的两株树，如南洋杉和台湾柳、槟榔和无花果配合在一起，一定会失败的。两株的树丛最好选用同一种树，只是这两株树在姿态、大小、动势上要有区别(图2-58)。这样这两株树既有共相，又有殊相，有统一又有对比，而且生动活泼。两株一丛，宜一仰一俯，一直一欹，一向左一向右，一平头一锐头。

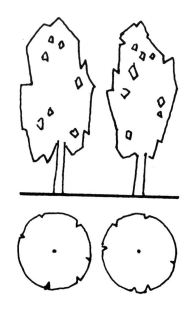

图 2-58
二株过分雷同，只有共相，没有殊相，
构图呆板，不生动

不同种或不同品种的树，如果外观上十分相似，也可以配植在一起。例如，女贞和桂花，为同科不同属，但是由于同是常绿阔叶乔木，外观又很相似，所以配植在一起十分协调。有的虽是同种，但分别是不同变种和不同变型，外观差异太大，配植在一起也不会调和(图2-59)。

两株的树丛，其栽植距离必须靠近，两树的树枝或树冠要有穿插碰合，否则就变成两株独立的树，成为对植，而不是树丛了(图2-60)。

48

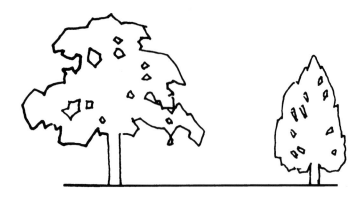

图 2-59　两株只有对比，没有统一，只有殊相没有共相

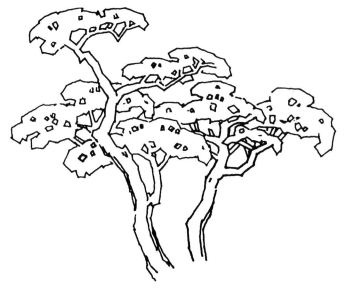

图 2-60　两株树木的配合

两株为同一树种，由于大小姿态各异，左顾右盼，有向有背，有俯有仰、去就争让，具有对比与统一。

（2）三株树丛的配合

三株一丛，最好为同一树种，或外观类似的二个树种，忌用三个不同树种。

三株为同一树种，其大小、高低、树姿都要不同。三株中最大的(见图2-61)1号与最小的(3号)应靠近成为一组，次大的(2号)散开，离得远一些为另一组，

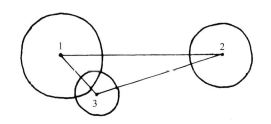

图 2-61　三株树木的配合

三个种植点不在一条直线上，种植点连线为不等边三角形。这样安排构成，既有大小、聚散、疏密的对比，又有共相（树种相同），达到调和统一，并且自然生动。

这样我们就找到了一个重要的规律，就是自然式种植要依照不等边三角形法安排种植。三株由两个树种配合，树种相差不要过大，最小一株为另一树种，然后按不等边三角形法和以上规律安排种植即可（图 2-62）。

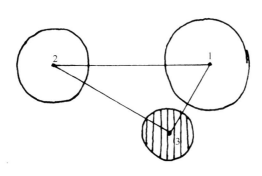

图 2-62　三株树木的配合

（3）四株树丛的配合

四株种植，可先按三株种植法安排好三株，然后再按照不等边三角形构成法与前三株的两株再构成一个不等边三角形。如图 2-63 将第四株植于 A 点，4 与 1、2 构成不等边三角形，与 1、3 也构成不等边三角形。将第四株植于 B、C、D 点同样是可以的。

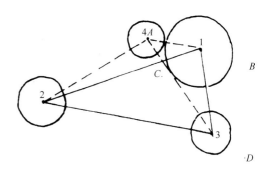

图 2-63　四株树木的配合

（4）四株以上树丛的配合

四株以上树丛的种植设计可在前图的基础上，按照相近的三株构成不等边三角形，相邻的三株不在一条直线上，两组要一大一小的原则，将第五株、六株、七株……，添植在两组的附近即可。多株种植也可以按照大、中、小三组进行组合。在设计上始终要注意的是疏密、聚散、大小的对比（见图 2-64）。

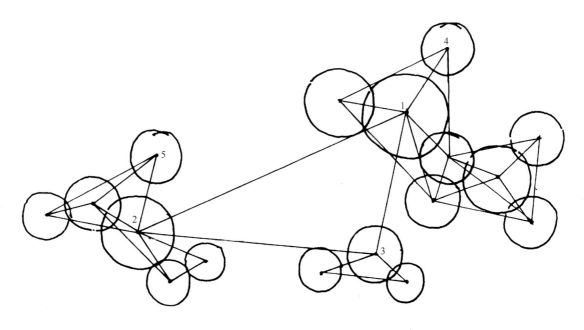

图 2-64　多株树木的组合

图中 1、2、3 三株树，各自周围安植一些树，由于多少及大小不同，形成大、中、小三组，也可称为主、从、辅三组。图中所有相近的三株均构成三角形

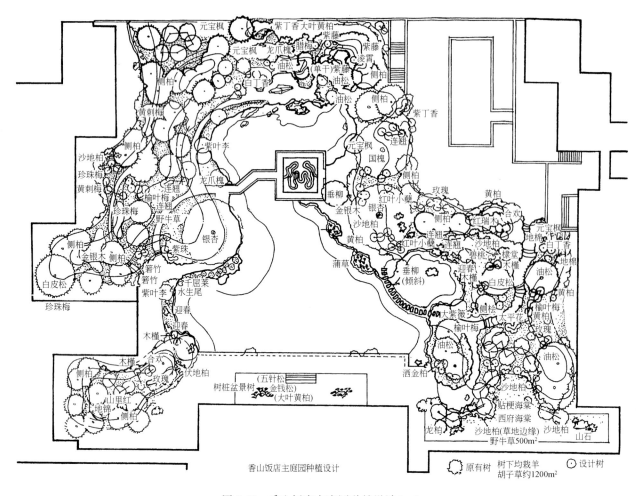

元宝枫　紫丁香　大叶黄柏
元宝枫　龙爪槐　腊梅　　紫藤
　　　　　油松　　　单干　紫藤
　　　　　　　白丁香　　　油松
　　　　　　　　　　　侧柏
　　　　　　　　　　　　油松
侧柏
黄刺梅
　　　　　　　紫叶李
沙地柏　　　　　　　　　元宝枫　连翘
珍珠梅　　　　连翘　　　　国槐
黄刺梅　榆叶梅　　　　　　侧柏
珍珠梅　连翘　　　　　　　玫瑰　　黄柏
　　　　野牛草　　垂柳　红叶小檗
　　　　　银杏　金银木　银杏
侧柏　　　　　　　　沙地柏　红瑞木　合欢
金银木侧柏　　紫珠　黄柏　红叶小檗　连翘　元宝枫
　　　箬竹　　　　碧桃　棣棠　白丁
白皮松　箬竹　　　　　木槿　油松
　　　紫叶李　千屈莱　蒲草　垂柳　迎春　白皮松　黄柏
珍珠梅　　水生尾　　　（倾斜）木槿　侧柏　榆叶梅
　　　　迎春　　　　　　　　大紫薇　太平花　黄柏
　　　　迎春　　　　　　　　　油松　榆叶梅　玫瑰
木槿　　　　　　　　　　洒金柏
　　木槿　合欢
侧柏　　玫瑰
　　伏地柏
山里红
地锦　　　（五针松）　　　油松
侧柏　　树桩盆景树金钱松　　　贴梗海棠
　　　　（大叶黄柏）　　　　西府海棠
龙柏　　　　　　　　　　沙地柏　沙地柏（草地边缘）　沙地柏
　　　　　　　　　　　　　　　　野牛草500m²　　　山石
香山饭店主庭园种植设计

○ 原有树　树下均栽羊
⊙ 设计树　胡子草约1200m²

图 2-65　香山饭店主庭园种植设计（一）

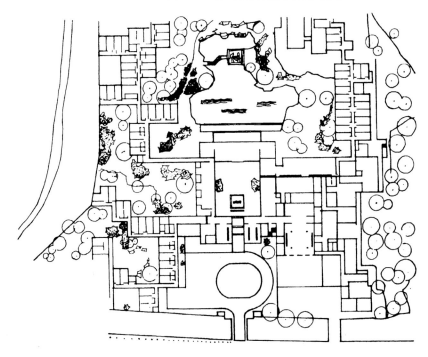

北京香山饭店平面

图 2-66　香山饭店主庭园种植设计（二）

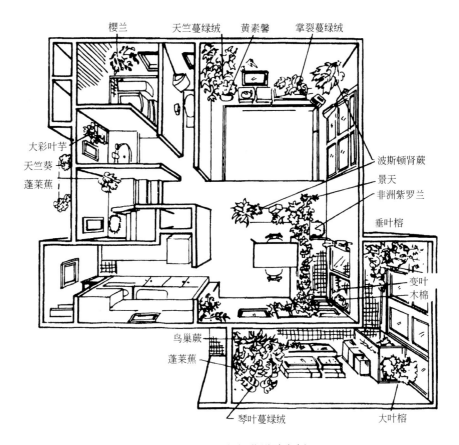

图 2-67　居室的绿化设计实例

## 2.4　绿化植物的陈设

在绿化设计当中,光和色彩成为植物陈设中最关键的因素,因为它们直接决定了设计完成后的对比和协调的效果。色彩,当然主要是由植物本身所决定的;但同时也受到其容器、光以及它所处的室内装修的影响。因此,室内绿化植物要选择合适的种植容器,采用恰当的陈设方式,外加灯光照射等艺术处理。

### 2.4.1　种植容器

室内陈放花木往往采用花盆栽植,为求美感,宜加套盆或置于花架之上,这样能使其更加生色、情趣盎然。将植物栽植到花盆内,盆必须有足够的尺寸,以供根部生长发育。花盆的造型与尺寸要与所栽植物相称,一般来说高的植物用盆应高些,宽的植物用盆则宽低一些。不用套盆

的盆栽植物,应垫一无孔的托盘,以贮存盆底排出的水(见图 2-68)。

室内绿化所用的植物材料,除直接栽外,绝大部分植于各式的盆、钵、箱、盒、篮、槽等容器中(图 2-69)。由于容器的外形、色彩、质地各异,常成为室内陈设艺术的一部分。室内绿化植物的种植容器分为普通栽植盆、套盆和种植槽 3 种类型。套盆也称外盆,它的底部没有排水孔,主要作用是套在普通栽植盆外面,起隐藏和装饰作用(图 2-70);种植槽也是一种底部没有排水孔的容器。若将普通盆用于室内种植,须加套盆或集水盘,防止水分流出。

要满足植物生长的需要,容器首先应有足够体量,能容纳根系正常生长发育的需要,且具备良好的透气性和排水性,坚固耐用。固定的容器要在建筑施工期间安排好排水系统。移动的容器,常垫以托盘,以免玷污室内地面。

海螺盆

玻璃器皿

玩具型盆

陶土、紫砂、瓷器花盆　　木制花盆　　竹盆　　金属盆　　塑料及玻璃纤维盆

瓷套盆

塑胶套盆

半边形条编及塑料挂盆

竹藤柳草编套盆

木套盆　　富野趣的仿陶套盆及瓷形套盆　　大理石套盆

吊架

挂壁式花架

盆架

积木式花架

各种式样的金属花架

圆木、枯木及树根花架

传统木制花架

图 2-68　花器——花盆、套盆与花架

图 2-69　种植槽

图 2-70　套盆起到装饰和隐藏作用

容器的材料有黏土、木、藤、竹；陶质、石质、砖、水泥；塑料、玻璃纤维及金属等。黏土容器除保水、透气性好外，还有外观简朴、易与植物搭配的优点。但在装饰气氛浓厚处不相宜，需在外面再套以其他材料的容器。木、藤、竹等天然材料制作的容器，取材普通，具朴实自然之趣，易于灵活布置，但坚固、耐久性较差。陶制容器具多种样式，色彩吸引人，装饰性强，目前仍应用较广，但重量大、易打碎(图2-71)。石、砖、混凝土等容器表面质感坚硬、粗糙，不同的砌筑形式会产生质感上有趣的变化。因它们重量大，设计时常与建筑部件结合考虑而做成固定容器，其造型应与室内平面和空间构图统一构思，如可以与墙面、柱面、台阶、栏杆、隔断、座椅、雕塑等结合。塑料及玻璃纤维容器轻便，色彩，样式很多，还可仿制多种质感，但透气性差。金属容器光滑、明亮、装饰性强、轮廓简洁，多套在栽植盆外，适用于现代感强的空间。

图 2-71

容器的外形、体量、色彩、质感应与所栽植物协调，不宜对比强烈，或喧宾夺主，遮掩了植物本身的美。同时要考虑到应与墙面、地面、家具、顶棚等装饰陈设相协调。

还有许多意想不到的容器(图2-72)，容器的种类是与你的想象力成正比的。例如，无色透明的广口瓶玻璃器皿，选择植株矮小、生长缓慢的植物，如虎耳草、豆瓣绿、网纹草、冷水花、吊兰及仙人掌类等植于瓶内，配植得当，饶有趣味，瓶栽植物可置于案头，也可悬吊。简捷、大方、透明、耐用，适合于任何场所，并透过玻璃观赏到美丽的须根、卵石。

总之，种植植物容器的选择，应按照花形选择其大小、质地，不宜突出花盆的釉彩，以免遮掩了植物本身的美。

### 2.4.2　陈设方式

室内绿化植物一般可采取如下方式陈设：置于地板上(适于较大型的盆栽，特别是形态醒目，结构鲜明的植物)(图2-73)，甚至直接种植在地上(图2-74)；置于家具或窗台上(适于较小型的盆栽，因为只有将它们置于一定的高度，才能取

图 2-72

图 2-73

图 2-74

得较好的观赏视角，从而具有理想的观赏效果）（图 2-75）；置于独立式基座上（适于具有长而下垂茎叶的盆栽）（图 2-76）。为了与室内装饰的风格协调，可选用仿古式

基座（如根雕基座）、或形式简洁的直立式石膏基座、玻璃钢仿石膏基座（图 2-77）；悬吊于顶棚（适于枝条下垂的植物，如吊兰、鸟巢蕨等。悬吊可以使下垂的枝条生

长无阻，而且最易吸引人的视线，产生特殊效果）（图 2-78）；附挂于墙壁之上（适于蔓性植物和小型开花植物，特别是在狭窄的走廊中）。蔓性植物常用来勾勒窗户轮廓，开花植物凭借其艳丽色彩与淡雅的墙面形成对比（图 2-79）。门也是不错的位

图 2-75

图 2-76

图 2-77

图 2-78

置，那将使客人踏进室内之时，便留下美好的印象（图2-80）。栏杆扶手常常是被人们所忽略的地方，但却是陈设植物的好载体——既不妨碍交通，又有适当的观赏角度；一个普通的茶几，只是由于植物摆放位置的变化而变得新颖别致（图2-81）。

图 2-79

图 2-80

图 2-81

总之，无论是窗台、书架、壁炉，还是台阶、家具，只要其尺度合适，都可以成为摆放植物的载体。我们必须把这些物体看作是微型的舞台和理想的展示场所，只要避免混乱就可。需要强调的是，一定要注意植物与其周围物品之间的关系，这些物品也许是书籍、背面墙上的镜子或绘画，或者是有图案的壁纸（图2-82、图2-83）。当然，在设计之初，就要充分考虑这些台面的宽度、高度、位置以及周围的物品等。

布置在交通中心或尽端靠墙位置的，也常成为厅室的趣味中心而加以特别装点。这里应说明的是，位于交通路线的一切陈设，包括绿化在内，不应妨碍交通和紧急疏散时不致成为绊脚石，并按空间大小形状选择相应的植物。如放在狭窄的过道边的植物，不宜选择低矮、枝叶向外扩展的植物（图2-84），否则，既妨碍交通又会损伤植物，因此，应选择与空间更为协调的修长植物。

图 2-82

图 2-83

### 2.4.3 植物与照明

光——无论是直接光还是反射光，自然光还是人工光，都会对绿化设计产生最直接的影响。特别是人工光，还会改变重点(图 2-85)。例如，以光束的集中照射、强调植物形状、色彩和质感的美，并通过

图 2-84

光与影的相互作用使原本普通的植物变得独特，达到奇妙的效果。于是植物便成为室内空间的视觉中心了(图 2-86)。

光能戏剧性地改变植物的重点、比例和形式感觉，一方面能改善植物的光照条件，促进植物生长(适宜使用日光型荧光灯)；另一方面能营造特殊的夜间气氛(适宜使用聚光灯或泛光灯)。除此以外，植物在光照射下产生的阴影效果又具有独特的魅力(图 2-87)。

现代照明技术为我们展示绿化植物开辟了更为广阔的途径。例如，投射照明能产生强烈的视觉重点；泛光照明则产生柔和的光影效果。向上照明方式是把灯光设在植物前方，主要目的是在墙上产生戏剧性效果的阴影；背面照明方式是将灯光隐藏在植物后方，使植物在背光的情况下产生晦暗的轮廓，产生玲珑剔透的效果。但应注意摆放时应注意不宜放于紧靠光源的地方，其散发的热量会灼伤叶片，两者应有一定距离。如离白炽灯泡宜 60cm 远。

所以，室内自然光的质量决定如何展示植物。同时要考虑掌灯时植物的效果，白天以自然光促进健康生长，而直接光就可以在夜晚充分显示植株美(图 2-88)。

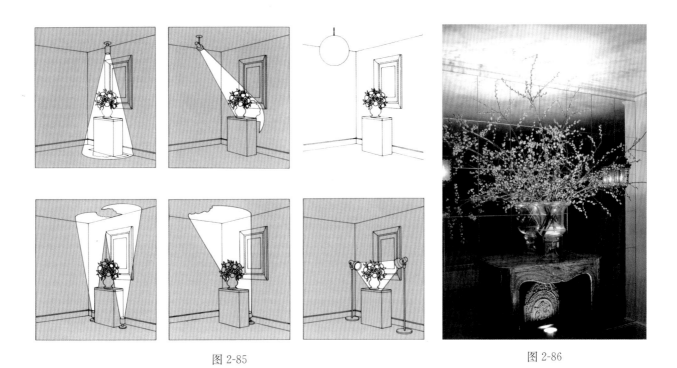

图 2-85

图 2-86

图 2-87

图 2-88

# 第3章 室内景园

多层建筑和室内空调设备出现后，室内空间与室外自然风景景致和联系困难了，于是人们开始了在室内筑造景园。19世纪国外的旅馆建筑中（如丹佛的褐色宫殿旅馆）已广泛采用了。到了20世纪70年代，以美国约翰·波特曼为代表，提出了"建筑是为人而不是为物"的口号，认为建筑学是为人们日常使用的房屋服务的，如果建筑师能够把人们感观上的因素融汇到设计中去，就能创造出一种使所有人都能直觉地感到和谐的环境。在手法上异常注重室内大景园的空间处理，把室内景园视为人们日常生活一部分的共享空间，使室内空间设计进入了新的境界。

将自然景物适宜地从室外移入室内，或直接在室内建造景园，不仅使室内具有一定程度的园景和野外气息，还丰富了室内空间和活跃了室内气氛。利用植物、水、石在现代化的室内建造景园，是室内绿化中最为理想的方法。特别是在室外缺乏绿化场地或所在地区气候条件较差时，室内景园开辟了一个不受外界自然条件限制的四季长青的园地。

## 3.1 室内景园的功能与作用

**1. 改善室内气氛，美化室内空间**

一个室内空间如果没有一种景象的东西唤起某种活的气氛，人的感觉则是单调枯燥和乏味的。一个厅堂，如果墙上挂上字画，桌案上放瓶花束，墙角摆盆盆栽，室内便会顿有生意。如果在厅里筑造一个小景园，挖池点石，栽种花木，阳光透过明瓦，洒下几束，就更增加了室内的自然气氛。

**2. 为扩大室内空间、改善室内通风、**

采光创造机遇

室内配置景园，必然栽植花木。这就要求要有良好的通风和充足的光照。因此建筑顶部就要装置明瓦，或开设通风采光的天窗侧窗，甚至采用半开敞的办法。这样无意中就达到了扩大室内空间和通风采光的目的。

**3. 为不同功能的空间组合，提供了良好的分隔条件**

譬如接待厅，功能上要求对外使用便利，对内要有有机联系，与嘈杂的公共出入口要直接联系又不受干扰。如果在两者之间设置互相都可利用的景园作为空间过渡和分隔，既可使接待厅避免过分暴露，又不致受到太大的干扰。

**4. 能为一些特殊空间提供较好的处理办法。**如利用一些死角空间、剩余空间、难以处理的异形空间作景园，往往能起到起死回生的作用。

**5. 为室内空间的联系、分隔、渗透、转换、过渡和点缀提供了灵活的处理手法。**

**6. 可以缓和或统一因室内装饰、材料应用上出现的矛盾。**

## 3.2 室内景园的种类

### 3.2.1 植物景园

利用植物花木的栽植和盆栽组摆，可以构成自然式植物景园、花池、盆景园、草地园、漫生园、岩生园、水生植物园及模拟植物园等形式的景园。

**1. 自然式植物景园**

这是以植物为主仿效自然界植物景致的景园。主要是把不同植物通过一定的手法，构成一定的意境，使其成为具有艺术感染力的园景，引人遐想，引人入胜，而不能是几株植物的堆砌。"庭园无石不奇，无花木则无生意"，不论所用植物多少，组成的景致简单与复杂，一定要做到既能远观又能近赏。

清文震亨在论庭园花木时说："若庭除槛畔，必以虬枝古干、异种奇名、叶枝扶疏、位置疏密，或水边石际、横偃斜披，或一望成林，或孤枝独秀，草木不可繁杂，随处植之，……。"这里说出了用植物作景时要选用欣赏价值高的名贵品种，要选用姿态生动，组合与单独、远观与近赏均可的植物。还指出组合的品种不宜繁杂，要基本统一，否则太杂乱。

利用植物组成景致，选用什么品种是很重要的。因为不同的植物含有不同的寓意，有着不同的观赏效能，能组成不同的意境。例如一丛修竹给人以幽静、坚贞、高洁及虚心劲节的感受；三两株姿态各异的老松给人有经历了历史的沧桑，经风雨战严寒及万古长青的品德；而若以棕榈、椰子组成的景致则给人以南国风光的情调。

在利用植物组景中，选材和配植是一项实践性很强的工作，如能合理地挑选，配植得宜，可以营造出很好的意境，供人欣赏。组成景园的配植，必须合理地安排品种，树姿树形及颜色(植物的颜色)，合理地安排主从、前后、聚散、多少，最佳地构出空间层次及获得最佳的艺术效果，才算是一项完美的造景设计。

在品种的选择上，除传统手法、功能要求和设计者的意愿爱好外，最好能选用乡土品种。如是长寿品种(指树龄)，以后还可成为珍品，如北京的白皮松，广州的木棉，福建的榕树，台湾的相思树，重庆的黄桷树，云南的山茶，海南岛的椰树等。人们见到它们就会想到它的故乡，给人增加一份情思。

利用植物种植构成的景致供观赏，可分为赏形、赏色和赏香三种。

(1)赏形。有赏冠、赏叶、赏干。赏冠可远观，植物冠形有圆锥、伞、塔、球、椭圆等形；赏叶宜近赏，有的叶形多奇趣，宜局部作景或作衬景、水局点景。如水葵、龟背、蕨、兰、荷等；赏枝干是指有的植物枝干多奇趣，或横溢多致，或苍古劲拔，或纤藏清隐、垂拂轻舞。如榕的枝干最有风趣，极具观赏价值。其主干浑而多变，枝曲劲横生，根盘根错节，气生根落地成杆，它浓郁不凋，干拔苍古，枝叶婆姿，极尽古雅风情。

(2)赏色。有的植物叶色碧翠，而有的丹红如醉。桉檬桉干直皮白，热带肉质植物色形兼备。

(3)赏香。有的植物的花(或叶)具有香味，其香可分为浓香、芳香、幽香等型。

以植物种植构成植物景园，一般有孤植、丛植、带植等诸种形式。

(1)孤植：孤植成景，要选用资态生动，有观赏趣味的大树老树，如榕、松、梅等，冠及枝叶俱佳者，多为风致型的植物。

(2)丛植：此种形式有两种。一种是用二株到三五株，株数较少，组成丛林式。此种方法多用单一树种或相近树种。重在姿态的挑选上，要互相盼顾，生动多姿。另一种是选用多株或多种植物，可有大有小，组成植物群落。此法重在塑造出自然植物群落的生动趣味，既要注意林冠的变化，又要注意植物的聚散、主次和前后的安排。

2. 花池

花池是一种传统的种植方法，可以在各式造型的花池中塑造出不同情趣的景致。例如我国传统的牡丹池、荷花池、宿根花卉池等。还可将多姿的石榴、无花果、梅、榕等植于池内，像大型的盆景一样，供人观赏。

花池在现代室内被广泛采用，不仅起点缀作用，甚至亦可成为组景的中心，增添园林生气。

花池的种类多样，有单个、组合、盆景、壁上镶嵌和利用墙面开挖等形式及可移动的盆盒式花池。花池的施工工艺和材料多种多样，有天然石、规整石、混凝土、砖等材料砌筑的，也有塑料、玻璃钢预制成形的。表面装饰材料有干黏石、黏卵石、洗石子、瓷砖、陶瓷锦砖等(图 3-1)。

　　3. 盆景园

　　利用多盆不同形式及品种的盆景组成盆景园，让人走进去欣赏，此法目前在室内绿化设计中还很少为人利用。盆景园这种形式占地少且灵活，易更换，趣味性强，适合近观慢赏，能取得意想不到的观赏效果。

　　由于每件作品都是经过艺术加工的，能一件件地欣赏，所以有时园子虽小，但却能吸引人们长时间地逗留在这里。由于盆景作品大都较小，为适合人们的视觉效果，可设计成台架式。另外其流向设计总体效果也是很重要的。

　　4. 花坛

　　花坛是在具有一定几何轮廓的植床内，种植各种不同色彩的观赏植物而构成的具有华丽色彩或纹样的种植形式。它也可以用盆栽植物组织而成。花坛的主题是具有装饰性的整体效果，而不是花坛内一花一木的姿色。

　　花坛的形式，依照其不同的主题、规

与栏杆结合的花池

花盆箱式花池

槽式花池

传统牡丹台式花池

与座椅结合的花池

壁上斗式花池

大盆景盆式花池

组合式花池

镶嵌式面砖花池

山石组成的花池

图 3-1　不同形式的花池

62

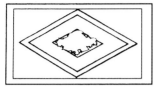
规则式花坛

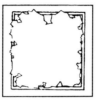

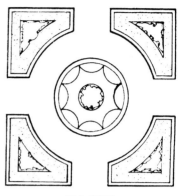
组合式花坛

毛毯式花坛　　　　　　　花丛式花坛

图 3-2　花坛的形式

图 3-3　花篮式立体
花坛结构示意图
1—角钢花盆架；
2—中心木柱；
3—砖胎；
4—麦秸和泥；
5—蒲席片；
6—钢丝
花盆架上放置各
色花卉、花篮身和底
座用草皮或五色草植
成图案

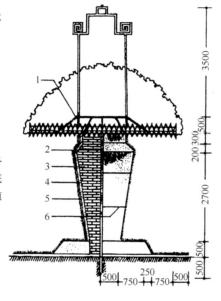

划方式、维持时间的长短来分类，如规则式花坛、花丛式花坛、毛毯式花坛、组合式花坛和标题式、时钟式、肖像式花坛。还有利用植物作造型的主题式花坛以及临时性和长久性花坛（图 3-2、图 3-3）。

5. 草地园

在室内选择最适合的地方，铺设一块草地是最简单不过的。它绿得可爱，能给人一种简单的美，并能给人带来生气。如果在草坪上添植一些宿根花卉或地被植物，如射干、萱草、马蔺、水仙、风信子、小黄柏、沙地柏、紫叶小檗等，只需少许，便能带来乡村野趣。

6. 漫生园

以草、宿根花卉、蔓生植物、攀援植物及小灌木组成野趣横生的漫生园，以其简而不华的自然生态面貌在现代化的室内，是一颗翠玉般的珠宝。不过漫生园在室内宜小不宜大。小而精致，大而散漫。其原因是所有植物都较矮小，没有高大的植物构成明显突出的风景主题。

7. 岩生植物园

是指以岩石与岩生植物构成的自然式植物园。所选用的石材应朴实无华，以风化多年的普通岩石为好。石块要有大有小但以块大和形状较整表面粗糙的石为好。如花岗石、青石、黄石等。植物以地被植物、宿根花卉和蔓生藤本为主。如各种兰花、菊花、景天、鸢尾、蔷薇、福禄考、毛茛、石竹、虎耳草、百合、卷丹、水仙等类科的植物。这些植物大都是生长缓慢、植株低矮并具有耐瘠地和抗生的多年生植物。还有地锦、合果芋、绿萝、长春藤、法国牵牛、香宛豆、金银花等蔓生爬腕植物。这些植物都非常适合装饰点缀露出地面的岩石，有的还能生长于岩石的缝间。

在岩石园中也常用少数小灌木。这些小灌木的管理粗放，自然趣味强，枝叶优美，而且与其他岩石植物能构成美好的景致。

岩生植物园与漫生园相比，由于增加

了岩石与灌木两种材料，在造景上更加生动灵活。

8. 水生植物园

在室内开设水池，池中种植水生植物，以水生植物为观赏主题的称为水生植物园。水生植物园中，所选用的植物从广义讲，还包括沼生及湿生草本植物。其种类极为繁多，既有蕨类植物，如苹、水蕨等，又有单子叶植物，如菖蒲、水生鸢尾等，以及双子叶植物，如荷花、睡莲等。水生植物大多数是宿根或球根植物。宿根植物如千屈菜、水葱。球根植物如慈菇、荸荠。根茎植物如荷花、睡莲及水生鸢尾类。

水生植物对于水分的要求，以种类不同有较大的差异，依其生态习性及与水分的关系大致可分为以下几类：

（1）挺水植物：根生于水中泥土中，茎叶挺出于水面之上。它们一般生长在浅水至1m左右的水中，有的也可在沼泽地生长，如荷花、菖蒲、香蒲、茭白、水生鸢尾、芦苇、千屈菜、水葱等。

（2）浮水植物：根生于泥中，叶片浮于水面或略高出水面。因种类不同可生于浅水至2～3m之深的水中。如睡莲、玉莲、芡实、菱及莕菜等。

（3）沉水植物：根生于泥中，茎叶全部沉于水中，或水浅时偶有露于水面。如眼子菜类、苦草、莼菜、玻璃藻及黑藻等。这类植物有的甚至可生长于5～6m深的水底。

（4）漂浮植物：根伸展于水中，叶浮于水面，随水漂浮流动，在水浅处可生根于泥中。如苹、满江红、水鳖、凤眼莲、浮萍及大藻等。

水中的氧气很少，所以只有极少数低等植物能在深水生长。而绝大多数高等植物主要生长于1～2m的水中。一般挺水、浮水植物常以60～100cm为限。近沼生习性的植物，只需20～30cm的浅水即可。如水过深时反而生长不良。知道植物这些习性，在设计水池时应以20～100cm深为宜，池中水可设计成深浅不同，以利

于安排植物种植。水底泥土以用多年且无污染的河泥、湖泥为好。

为了人们的观赏，水生园中主要选用挺水浮水植物。在清澈见底的水池边，于水底植种点沉水植物也别有趣味。

在设计中，应以水为纸，以植物为描绘的对象。像绘画创作一样，可以创作出一幅幅精美动人作品。植物安排既不能太实太多，又不能过少。所选用的植物种类不同，聚散安排不同，其"作品"给人的感受也就不同。

在植物景园设计中，还有一种模拟式的形式，其方法是选用一种或几种品种相近的盆栽植物以高低错落、疏密有致的手法，将盆栽植物组成具有自然丛林式的景园。植物下面或周边用小盆花草如鸭趾草、合果芋、天门冬、景天、小菊花等铺垫露出的地面和组成景园的地界。此法既是模拟式，又是活动式，简单易行，可大可小，易于组景与撤除，常用于大型厅堂或节日临时需要。

### 3.2.2 石景园

这种景园也可叫作石景，常用的石材有锦川石（石笋）、剑石、蜡石、青石、钟乳石、英石、湖石等。多以湖石、青石、或多年风化的礁石、花岗石组合叠造石景，现代多以英石、钟乳石作为室内空间的补白，增加室内景趣。国外近年以塑料仿制中国园林中的自然石山，异常逼真，减轻了巨石的重量与底层的荷载。也有将室外自然石山景引入室内者，如桂林芦笛岩风景区休息室的敞厅。以精美的品石作景，一般不作园式处理，多采用几案、景架摆设，作为点缀，让人俯案细赏。

### 3.2.3 水景园

以水作庭，是我国传统庭园设计中的主要形式之一。室内水景式庭园在现代被广为应用。自 Burle Marx 所作圣保罗公寓起，一反以往西洋庭园传统，用流畅自由的回环曲线构设水局，从室外串入室内，使支撑层空间与整个庭景融为一体。

到了20世纪70年代，约翰·波特曼在美国佐治亚州亚特兰大市"桃树广场旅

馆"中，设置了一个铺满水面的大型室内水景园。使客房塔楼的承重柱子和通往大厅底层的电梯井屹立在很醒目的水池倒影中。而在柱与柱之间伸出的一个个船型小岛，产生的许多不同空间，供人休息、冷饮和观看透明的电梯，桥廊上来往的人流，景色异常宏观别致(图3-4)。

我国室内水景园，古时以泉、井、景缸等水型为多，如杭州虎跑泉、广州甘泉仙馆、苏州寒山寺荷花缸等。现代常常承袭传统范山仿水的手法，不但具有天然风趣，还具有深邃的意境，如广州白云山庄旅舍套房厅内的"三叠泉"水景园。壁上出岩三起，假泉顺流三叠，小池作潭，乱石作岸，盆栽巧放，蕨蔓趣生，在不到9m²的光棚小院里野趣浓浓，耐人寻味(图3-5)。

广州愉园水景园，厅中央置喷水池，景石因池伏岸，池边植棕榈数株，阳光从顶部天窗照下，极具园林风味。白云宾馆厅内水景园，采用人工顶光，攀藤爬壁、水池石滩及地毯等构成具有浓厚现代色彩的园景。这是我国近些年来新建宾馆厅堂水景园的一种明显倾向(图3-6～图3-8)。

以培植水生植物的盆缸和供观赏的金鱼缸、金鱼柜等景缸水型，一般不作园式，可灵活搬动，随意点缀，供人闲赏。

图3-4 美国佐治亚州桃树广场旅馆的水景园

图3-5 三叠泉小景池

图3-6 小水景园

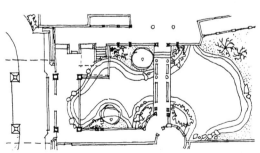

图3-7 上海龙柏饭店庭园水池平面

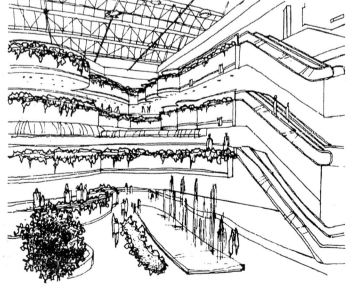

图3-8 深圳国际贸易中心中庭

### 3.2.4 以赏声为主的景园

在众多形式的景园中，如果添加上鸟鸣、水声、风涛声、琴声等声音，会使该景园更加有情趣。国外配合游乐气氛而采用声光技术。波特曼在旧金山艾姆巴卡迪罗旅馆采用了"音雕"，给人的印象是像一群飞鸟歌唱。以泉为形，以声夺景，在音乐茶座、客厅多用。

室内造景，常常采用庭园的形式。由于建筑组群布局的多样性，因而庭园类型各异。从庭园与室内空间的关系及观赏点分布来看，有以下两种形式：

1. 借景式庭园

庭院在室外，借景入室作为庭室内的主要观赏面。一般有两种情况：一种是较

封闭的内庭，面积较小，供厅室采光、通风、调节小气候用。其景物作为室内视野的延伸，此内庭绿化以坐赏为主，兼作户外休息之用；另一种是较为开敞的庭园，一般面积较大，划分为若干区，各区都有风景主题和特色(图 3-9)。

2. 室内外穿插式庭园

这是在气候宜人地区常用的形式。常在建筑底层交错地安排一系列小庭园，用联廊过道等使庭园绿化与各个建筑空间串在一起，并以平台、水池、绿化等互相穿插，以通透的大玻璃、花格墙、开敞空间、悬空楼梯等相联系和渗透(图 3-10)。

图 3-11～图 3-26 各种景园设计实例。

图 3-9　借景式庭园

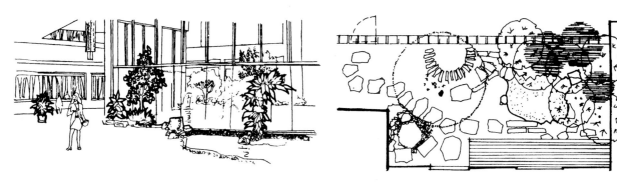

图 3-10 利用内外景物互渗互借，使室内空间得以延伸和扩大

图 3-11 室内景园小景平面

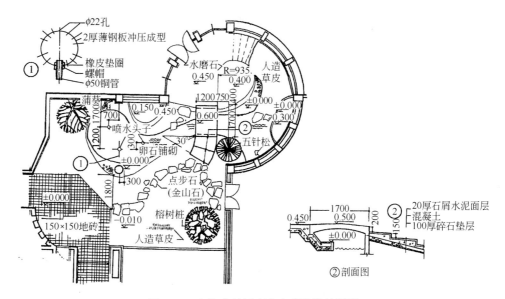

①

φ22孔
2厚薄钢板冲压成型
橡皮垫圈
螺帽
φ50铜管

水磨石
0.450

人造草皮
R=935
0.400

±0.000

0.300

蒲葵

喷水头子

卵石铺砌

30°

五针松

点步石
（金山石）

榕树桩

150×150地砖

人造草皮

1700
0.500
0.450
200

±0.000

②剖面图

②
20厚石屑水泥面层
混凝土
100厚碎石垫层

图 3-12 上海龙柏饭店室内庭院设计平面

图 3-13 日式小庭园

图 3-14　景园中适当布置些形态古拙，质感浑厚的自然石，可使人为空间环境更显旷邈幽深的天然风韵

图 3-15　室内廊道采用庭园绿化手法别致多趣

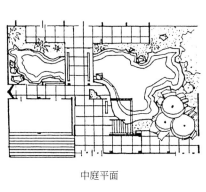

中庭平面

图 3-16　广州白云宾馆中庭

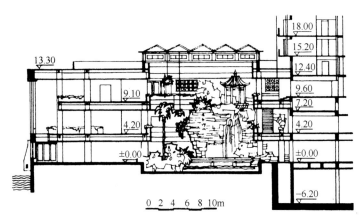

0 2 4 6 8 10m

图 3-17　广州白天鹅宾馆中庭横剖面

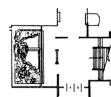

爬虫馆门厅左侧之鳄鱼展览室，采用有空调设置的室内景园手法，构筑池山，又以芭蕉象征热带植物，右侧假山且作山泉小瀑，在花木水石配合下，几尾鳄鱼或爬或伏池岸，或潜游池底，颇富热带气息。

图 3-18　北京动物园爬虫馆室内景园

图 3-19　由盆栽组合成的花坛式庭园

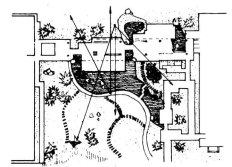

图 3-20　广州东方宾馆新楼底层庭园

　　把底层架空使水池花木引入室内，建筑平台伸出室外，并在庭园中设亭廊以调整空间的尺度，增添空间的层次，并形成借景的对象。

图 3-21　酒店室内庭园

图 3-22　美国亚特兰大某公寓内庭车道旁花池式园景

图 3-23　植物是室内空间中最有生命力的要素，它与水结合最宜创造出景致，使空间清爽宜人、生机勃勃，更显得自然化

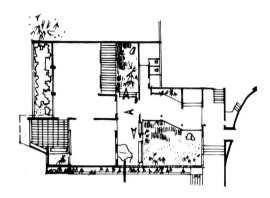

图 3-24　室内小景园平面设计

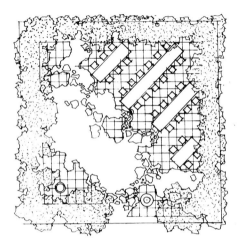

图 3-25　室内水景园平面设计

图 3-26　室内水景园平面设计

## 3.3　水体的设计

水是园林设计中不可缺少的材料之一。景致"有水则活"。因为水景能给人以清凉的感受和深远的意境，具有扩大空间感，给绿化带来生气。

水是可以流动的，它可静可动。当处于静的状态，水面如镜，给人以清澈、幽静、开朗的感受。水周围的花木、山石及建筑的倒影都能给环境增添不少的景色。水还能给人以宁静安详的感受。当处于动态的时候，既可细流潺潺，又可急流湍湍，还可跌落成泉瀑，喷珠溅玉，产生不同的水声和动态。

水是无色的，但在不同颜色的光照射下，它又会变成有色的。现代的光源色彩丰富，五光十色，千变万化。凡色谱中有的色彩人们都能拟造出这些色彩的光来。

人们可以使喷泉的水柱和水帘、水池中的水变成具有奇妙色彩的水形，供人观赏。

水在自然界存在的形式多种多样，江湖、溪涧、涌泉、瀑布等各具不同的形式和特点，这是我国传统理水手法的来源。只有对自然中各种水型、岸型及其特点有较深的理解，才能设计出生动多彩让人喜爱的水景。

### 3.3.1　水型的种类

1. 池

蓄水的小坑为池。池是现代水型设计中最简单最常用又最易取得效果的形式。

室内筑池蓄水，或以水面为镜，倒影为图作影射景；或赤鱼戏水，水生植物飘香满池；或池内筑山设瀑布及喷泉等各种不同意境的水局，使人浮想联翩，心旷神怡。

水池设计主要是平面变化，或方、或圆、或曲折成自然形(图 3-27)。

水池可分为规则式与自然式两种。

（1）规则式水池。其平面可以是各种各样的几何形，又可作立体几何形的设计；如圆形、方形、长方形、多边形或曲线、曲直线结合的几何形。

图 3-27　水池的形状随周边的形状而任意变化

（2）自然式水池。自然式水池是指模仿大自然中的天然水池。其特点是平面曲折有变，有进有出，有宽有窄。虽由人工开凿，但宛若自然天成，无人工痕迹。池面宜有聚有分，大型的水池聚处则水面辽阔，有水乡弥漫之感；分则萦回环抱，似断似续。而聚分之间，视面积大小不同进行设计，小面积水池聚胜于分，大面积水池则应有聚有分。

1）小型水池　小型水池形状宜简单，周边宜点缀山石、花木，池中若养鱼植莲亦很富情趣。应该注意的是点缀不宜过多，过则易俗。

2）较大的水池　应以聚为主，分为辅，在水池的一角用桥或缩水束腰划出一弯小水面，非常活泼自然，主次分明。

3）狭长的水池，该种水池应注意曲线变化和某一段中的大小宽窄变化，处理不好会成为一段河。池中可设桥或汀步，转折处宜设景或置石植树。

4）山池　即以山石理池。周边置石、缀石应注意不要平均，要有断续，有高低，否则也易流俗。亦可设岩壁、石矶、断崖、散礁。水面设计应注意要以水面来衬托山势的峥嵘和深邃使山水相得益彰。

这里介绍几种常用的水池形式。

1）下沉式水池　使局部地面下沉，限定出一个范围明确的低空间，在这个低空间中设水池。此种形式有一种围护感，而四周较高，人在水边视线较低，仰望四周，新鲜有趣(图 3-28)。

2）台地式水池　与下沉式相反，把开设水池的地面抬高，在其中设池。处于池边台地上的人们有一种居高临下的优越的方位感，视野开阔，趣味盎然；赏水又有一种观看天池一样的感受(图 3-29)。

图 3-28　下沉式水池

图 3-29　台地式水池

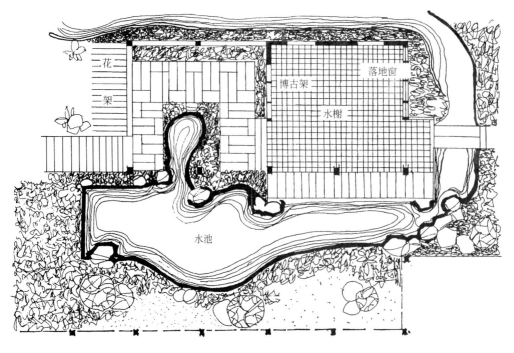

图 3-30　连体(嵌入)式水池

3) 室内外沟通连体式(或称嵌入式)水池(图 3-30)。

4) 具有主体造型的水池　该水池是由几个不同高低不同形状的变体六角形组合起来,蓄水、种植花木,增加了观赏性(图 3-31)。

5) 使水面平滑下落的滚动式水池,池边有圆形、直形和斜坡形几种形式(图 3-32)。

6) 平满式水池　这种水池池边与地平平齐,将水蓄满,使人有一种近水和水满欲溢的感觉(图 3-33)。

图 3-34～图 3-38 是水池的基本作法。

图 3-31　具立体造型的水池

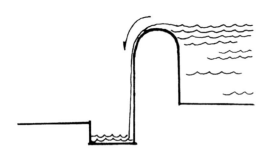

图 3-32　圆形滚动式池边、水面平滑下落

图 3-33　平满式水池

水池设计与筑造作法实例：

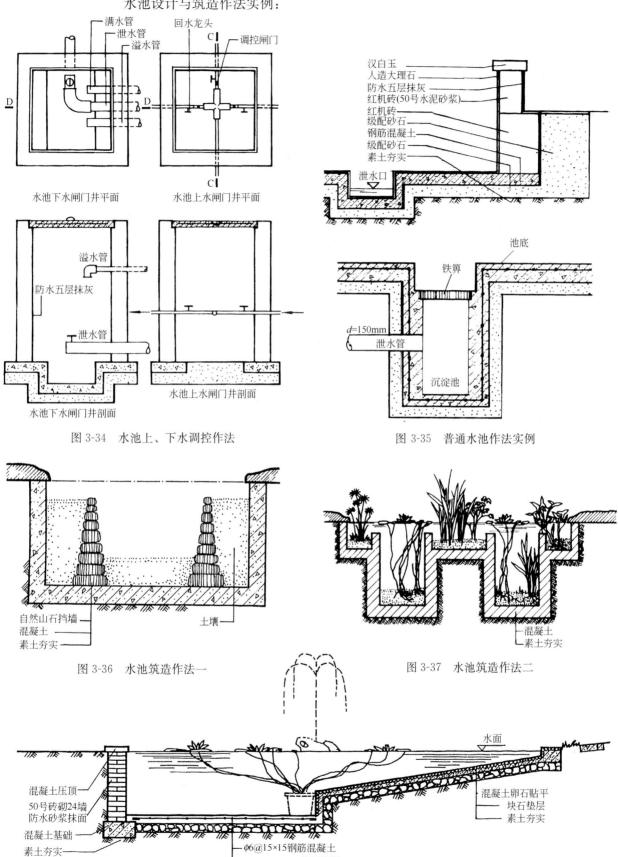

满水管
泄水管
溢水管
回水龙头
调控闸门

D—————D

C
C

水池下水闸门井平面　　　　水池上水闸门井平面

溢水管

防水五层抹灰

泄水管

水池下水闸门井剖面　　　　水池上水闸门井剖面

图 3-34　水池上、下水调控作法

汉白玉
人造大理石
防水五层抹灰
红机砖(50号水泥砂浆)
红机砖
级配砂石
钢筋混凝土
级配砂石
素土夯实

泄水口

池底
铁箅

$d=150mm$　泄水管

沉淀池

图 3-35　普通水池作法实例

自然山石挡墙
混凝土
素土夯实

土壤

图 3-36　水池筑造作法一

混凝土
素土夯实

图 3-37　水池筑造作法二

水面

混凝土压顶
50号砖砌24墙
防水砂浆抹面
混凝土基础
素土夯实

$\phi6@15\times15$钢筋混凝土
块石垫层

混凝土卵石贴平
块石垫层
素土夯实

图 3-38　水池筑造作法三

## 2. 喷泉

在室内营造喷泉、瀑布及水池，能使室内更富于生气，是美化和提高室内环境质量的重要手段。它较栽植植物和其他园艺小品收效快，点景力强，易于突出效果。在设计要求上可繁可简、可粗可细，维护工作小(图3-39)。

喷泉有人工与自然之分。自然喷泉是在原天然喷泉处建房构屋，将喷泉保留在室内。这是大自然的奇观，更为珍贵。人工喷泉形式种类繁多，随着科技的发展出现了由机械控制的喷泉，对喷头、水柱、水花、喷洒强度和综合形象都可按设计者的要求进行处理(图3-40)。近些年来又出现了由电脑控制的带音乐程序的喷泉、时钟喷泉、变换图案喷泉等。华丽的喷泉加上变幻的各种彩色光，其效果更为绚丽多彩。喷泉与水池、雕塑、假山配合，常常能取得更好的观赏效果(图3-41)。

## 3. 瀑布

从悬崖、陡坡、山上倾泻下来的水流称瀑布。在室内利用假山、叠石及底部挖池作潭，使水自高处泻下，落入池潭之中，若似天然瀑布。落水击石喷溅，俨有飞流千尺之势，其落差和水声使室内变得有声有色，静中有动，成为室内赏景和引人的重点(图3-42、图3-43)。

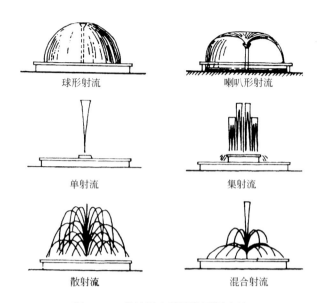

图3-39 喷射用水采用的不同方法

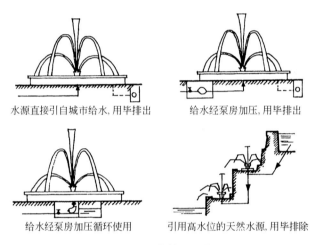

图3-40 喷射的形式

图3-41 美国明尼阿波利斯市蒲公英球状
喷泉与树木，给人和谐、宁静之感

图3-42 广州白天鹅宾馆中庭故乡水瀑布

74

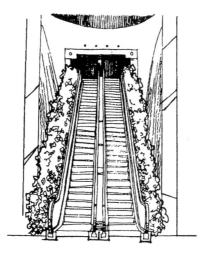

图 3-43　利用斜墙作瀑布

### 4. 溪、涧

溪原是指山间的小河沟，也指一般的小河，溪水多盘曲迂回。涧是专指山间的深水沟，水面曲折，水位低深，似暗流，故模拟做涧多做石岸深沟。溪和涧中的水静中有动，有急有缓，室内作溪、涧，水流淙淙，很富山间野趣。

### 5. 潭

深水叫潭，自然中有的潭深数丈，水深莫测，有险意，令人望而生寒。以潭造景，具深层感，非一般浅池能比。由于潭深，只能设在底层。

### 6. 井

这也是一种水型。室内设井，我国古代有之，主要用作点缀、寓意。现代室内多用在室内景园中，像园林中设井一样，起个文雅的名字，以名人书写刻石，可增加景点的观赏感。

首先，防水第一。现在室内景园常设有水池，室内水池的施工基本要求是：组织牢固、表面平整、无渗水漏水现象。防水问题排在第一，水池不防水，再美的设计都是白搭，建议采用伸缩能力强的防水材料(图 3-44)。

其次，水景维护也不容忽视。如果水中养鱼，作为生物都有自己的新陈代谢，久而久之会引起水质变化，那么安装过滤系统就是方法之一，对改善水质效果明显。不过安装过滤系统的造价比较高，且占空间。另一个既能节省费用又让美景更持久的办法是采用沉淀过滤法，在池底铺设软石层，脏东西都会沉淀在软石层下(图 3-45)。对中小型水池而言，一年清洁一次就足够了。给养鱼的水池换水还要注意，不宜换水太频繁，一次换 2/3 的水，这样对鱼的生长也有利。

而底灯、水泵的维护也同样重要。建议可把水底灯改装在池岸边，以延长其使用寿命。

图 3-44

图 3-45

### 3.3.2 水岸的设计

岸型是指水型边岸驳岸的处理形式，有的是以所用材料而定，如土岸、石岸等，有的是依其形式不同而定，如矶、石壁岸、滩、岛、洲等。一定的水型平面，由于岸型不同，其意境、效果会完全不同。因此设计时水型岸型要同时考虑，同步设计。常用的几种池岸形式（图3-46）。岸型有以下一些形式。

小卵石池岸

碎石池岸

灰塑桩池岸

湖石池岸

石滩式池岸

图 3-46 常用的几种池岸形式

**1. 土岸**

由于土岸怕冲刷，多用于静水浅水设计。为防止泥土崩塌，岸的坡度不宜太陡，所占面积自然较大。土岸最为经济，如处理得当，会收到很好的艺术效果。如在水边种植芦苇、蒲草等水生植物，岸边植以竹子花木，颇具江南水乡特色，岸边散置几块石头，可坐可赏，更富情趣。

**2. 石岸**

为防止池岸崩塌和便于人们临水游赏，沿池布石，也叫叠石岸。所用石料，湖石、黄石、青石都可，但在筑造一段或一个池岸时用材一定要统一，不要两种或多种混用。还要注意掌握石材的纹理和特点，使之大小错落，纹理统一，凸凹相间，呈现起伏的形状，并适当间以泥土，便于种植花木。在临水处以石筑出若干凹穴，使水面延伸于穴内，形同水口，有水源不尽之意。而整个石岸高低起伏，有的低于路面，有的挑出水面之上，有的高突而起，可供坐息。总之池岸叠石水宜僵直，尤其不能太高，否则岸高水低如凭栏观井，违背凿池原意。叠石池岸也多有自然式踏步下伸水面，这种做法有利于池岸形象的变化，又有使用功能。

**3. 石矶**

水边突出的岩石或水中的石滩叫作矶。石矶以险峻的景观而引人，所以我国园林设计中常用。近些年来国内外室内设计师们也多有用于室内水景的实例。

在池岸构筑石矶，大致有两种形式：小型的仅以水平石块挑于水面之上，大型的以崖壁与蹬道作背景，叠石探出水面之上，如临水平台，与崖壁形成横与竖的对比，并使崖壁自然地过渡到水面。

**4. 滩**

滩原指江湖海河边上淤积成的平地或

图 3-47

水中的沙洲。在绿化设计中，滩常被用来作为池边岸型设计的一种形式，多作沙滩石滩设计。

5. 洲

河湖中或海滨由泥沙淤积成的岛屿称之为洲。在较大的池中设计一两块沙洲、绿洲，既可丰富设计，又能增加观感和情趣。

6. 岛

海湖之中四面被水围着的陆地叫岛。在园林设计中岛与洲的区别在于洲多为平形，而岛为具有山形的水中之地。由于它不是淤积而成，故多用石材筑造，或堆积成山形。水中设岛在我国历史悠久，汉武帝于太液池中建蓬莱、方丈、瀛洲三山（岛），是湖中筑岛的先例。

图 3-47～图 3-50 为各种岸的形式。

图 3-48

图 3-49

图 3-50

三层水柱水花

钟形水花

郁金香花形水花

## 3.4　石的设计

石在绿化中虽然起不到植物和水能改善环境气候的作用，但由于它的造型和纹理，都具一定的观赏作用，又可叠山造景，所以石也是绿化设计中不可缺少的重要材料之一。古有"园可无山，不可无石"，"石配树而华，树配石而坚"，可见石在作景造园中的作用。石能固岸、坚桥，又可为人攀高作蹬，围池作栏，叠山构洞，指石为座，以至立石为壁，引泉作瀑，伏地喷水成景。

古之达人喜石爱石者代代有之，至唐宋更盛。唐白居易作《太湖石记》，宋米芾拜石，呼石为兄。宋徽宗亦爱石成癖，供石画石，宋《杜绾石谱》罗列品石达116种，多属叠山之石，亦有供几案陈列文房清玩的供石。

### 3.4.1　石的欣赏与种类

石中较典型的有太湖石、锦川石、黄石、蜡石、英石、青石、花岗石等，古时极有观赏价值的灵璧石现已不易得。

#### 1. 太湖石

运用较早且广泛，原产太湖洞庭西山。大者丈余，小者及寸，质坚面润，嵌空穿眼，纹理纵横，叩之有声，外形多具峰峦岩壑之致，现已不易再得。近代常用的新石多属山上旱石。河北平山所产的亦称北太湖，其颜不润，音不清，仅得其形。

#### 2. 英石

产于广东英德，石质坚而润，色泽微呈灰黑色，节理天然，面多皱多棱，稍莹彻，峭峰如剑戟，岭南多叠山。用于室内景园或与室内灯光和现代装饰材料配合甚为贴切。小而奇巧的可作几案小景陈设。

#### 3. 锦川石

表似松皮形状，如笋，俗称石笋，又叫松皮石。有纯绿色及五色兼备者。新石笋纹眼嵌石子，又叫子母石，旧石笋纹眼嵌空，又叫母石，色泽清润。以高丈余者为名贵，一般长之尺许。锦川石常置于竹丛花墙下，取雨后春笋之意，作春景图。广东人造石笋极似，天然石笋现也不易得到。

#### 4. 黄石

质坚色黄，纹理古拙，以常州、苏州、镇江所产为著。黄石叠山粗犷而有野趣，用来叠砌秋景山色，极切景意。

**5. 蜡石**

色黄油润如蜡,其形圆浑可玩,别有情趣,常以此石作孤景,散置于草坪、池边、树下,既可坐歇,又可观赏,并具现代感。

**6. 花岗石**

是普及素材,除作山石景外还可加工工程构件。作散石景给人以犷野纯朴之感。

**7. 青石**

是最普通的石材。自然开裂成片者,常用作铺道、砌石阶用,亦可叠山。开裂成条状,且形如剑者可以代替石笋,称为剑石。

一定的品石,可以构成庭园的主景,也可陪衬点缀,片山多致,寸石生情,既可塑物(似某种物象),又可筑山。

造景中常用的石类如图 3-51。

将造型、色泽、纹理均佳的石作为陈设品置于室内供观赏,有着极高的观赏价值。我国人民对石有着极高的欣赏能力和亲切感,与西方人对石的感情有质的不同。我们有时把看到的石作联想,把一块石想成是高深莫测的"峰",或视作上天自然所造的艺术品;或拟人化,与石为友,与石为伍。例如江南名峰瑞云峰、冠云峰、玉玲珑等诸石,名冠天下,历代人们以能"一睹为幸事"。

米元章论石亦曰:"瘦、皱、漏、透"。"瘦"是讲造型不臃肿而风骨劲瘦;"皱"是指有纹理,存放久远风化所致;"漏"、"透"是讲该石有洞有眼。东坡又曰:"石文而丑"。"丑"是讲石的造型独特,这一"丑"字而石之千姿万状毕矣。

古人赏石,深深懂得"石贵自然","贵在天成"。目前喜石爱石玩石的人不少,但有的人将一块难得的天然品石动手雕凿成一条龙,一只鹿,或像狮像虎等,甚至像一裸女,其不知这是最最下者的手法,把天然奇品变成低劣的人工雕塑,俗不可耐。

天然的品石、奇石、趣石,也称为玩石,古称供石,一个"供"字道出了人对石的看重达到了"供奉"、"供养"的程度。这些石的作者是天,是大自然,而人只是收藏者。能看出有人工动手加工的石其价值自然下跌,处处动手的石失去天趣,也就变成了"工艺品",而不是天然的"品石"了。

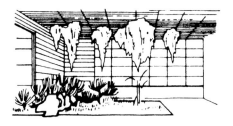

太湖石
质坚表润、嵌空穿眼,叩之有声,以瘦、漏、皱、透为贵

英石
质坚而润,多棱角、稍莹彻

锦川石
俗称松皮石,又叫松皮石,多散置于花丛竹林

剑石
以尖如剑的青石片竖置似剑刺天,别有趣味

钟乳石
体态峥嵘,悬空挂下,有南方岩峒意境,玲珑者可作供石

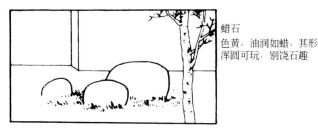

蜡石
色黄,油润如蜡,其形浑圆可玩,别饶石趣

图 3-51 造景中常用的石类

### 3.4.2 叠石与筑山

积土为山,由来已久。叠石为假山,有志乘可考者始自汉。六朝叠石之艺渐趋精巧,从北魏张伦造景阳山可见当时叠石造山的技术水平之高,《洛阳伽兰记》中是这样写张伦的:"伦造景阳山,有若自然。其中重岩复岭,嵌崟相属,深蹊坚

壑，逦逶连接。……奇峭石路，似塞而通，峥嵘涧道，盘行复直"。之后各朝代都有发展，宋开封"艮岳"创假山技术水平之最。清初李笠翁叠山于北京，石涛于扬州，张南垣叠山则闻名于东南。此虽为室外园林叠石筑山，但此技艺则可用于室内。

清苏州叠石名家戈裕良所掇叠的环秀山庄假山，名闻遐迩。戈氏专能以铁钩搭配钩带大小石，前人密接石缝用米浆和石灰，而戈氏则以砻糠、石灰、黄土，研末敲固，更为结实。

现代有了水泥和各种粘接胶类，更为进步。石工常以石灰，砖末、水泥加麻刀和之勾石缝，此法灰料干后则软中有硬，硬中有绵。若在环氧树脂加水泥、砖末则更为永固。

叠石的方法见图3-52。

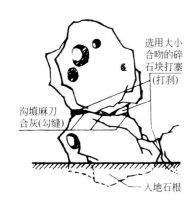

图 3-52　叠石的方法

叠石筑假山，要想达到较高的艺术境界，必须掌握三个统一的规律：

一是石种要统一。忌用几种不同的石料混堆。

二是石料纹理要统一。在施工时，要按石料纹理进行堆叠，切忌横七竖八乱堆。所谓石料纹理即竖纹、横纹、斜纹、粗纹和细纹等。堆叠时纹理要向同一方向，即直向与直向，斜向与斜向，横向与横向，粗对粗，细对细，石块大小也要适宜。这样既可以使人感到整座假山浑然一体，统一协调，不会产生杂乱无章支离破碎的感觉，又可使人感到山体余脉纵横有向及上下延伸感。并且还能产生"小中见

大"的感觉。

三是石色要统一。在同一石种中，颜色往往有深有浅。应尽量选用色彩协调统一，不要差别太大。

室内叠山最忌俗字，叠得不好，俗不可耐，不如放置一、二天然散石，自有天趣。叠石要有很高的艺术修养，才能叠出神完气足、妙如天然、趣味无穷的山石来。古人石涛、倪云林、李笠翁、计成莫，都是很高的丹青妙手，他们造出的景品位自高。在室内叠石作景，还要忌多，多易败、易俗、少则易巧。以石少许点缀在植物或水池、墙边最易成功、见效。何时运用玲珑的湖石，什么地方用粗犷的黄石、蜡石。什么地方用最普通廉价的青石、花岗石，以及应该用什么颜色的石，要视室内空间及环境气氛而定，这是需要一番构思与设计的。

置石的手法有散置或组合，此方法比较简单，一般不作过多的叠石，亦可不作石基。

叠石的方法：叠石须先打好坚固基础。从前临水叠石须先打桩，上铺石板一层；一般叠石则先刨槽，铺三合土夯实，上面铺填石料作基，灌以水泥砂浆。基础打好后再自下而上逐层叠造。底石应入土一部分，即所谓叠石生根，这样作较稳。石上叠石，首先是相石，选择造型合意者，而且要使两石相接处接触面大小、凸凹合适，尽量贴切严密，不加支填就很稳实为最好。然后选大小厚薄合适的石片填入缝中敲打支填，此法工人称之谓"打刹"。如此再依次叠下去，每叠一块应及时打刹使之稳实。叠完之后再以灰勾缝，以麻刷蘸调制好的干灰面（以水泥、砖面配以色粉调和而成，如石色）扑于勾缝泥灰之上，使缝与石浑然一体。

叠石的具体手法，有叠、竖、垫、拼、挑、压、钩、挂、撑、跨及断空诸种，可叠造出石壁、石洞、谷、壑、蹬、道、山峰、山池等各种形式来。

筑山的种类有以下四种：

土山。是全用土堆的假山，有时则限

于山的一部分，而非全山如此。

　　土多石少。此类有时是以土堆山，上置少数石块或叠石；有的则沿山叠石和蹬道两侧垒石用以固土。

　　石多土少。此类按其结构可分三种。

一是山四周与内部洞穴全部用石构成。而洞穴多，山顶土层薄。二是石壁与洞用石，但洞少，山顶土层较厚。三是四周及山顶全部用石，下部无洞，此法为石包土。

　　构石筑景常用的叠石手法如图3-53。

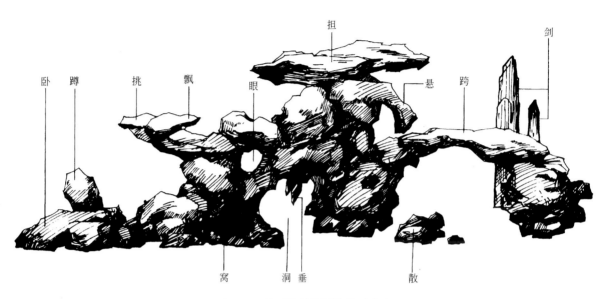

图3-53　构石筑景常用的叠石手法

# 第4章　室内绿化设计的程序与方法

在利用植物进行设计时，有着特定的步骤、方法以及原理，植物的功能作用、特性、种植布局以及取舍是整个程序的关键。概括地说，就是群体地，而不是单体地处理植物素材。将植物当作基本群体进行设计，是因为它们在自然界中几乎都是以群体的形式而存在(图4-1)。

当然，也正是因为如此，对绿化植物的设计不用遵循非常严格的规定。如果说有原则的话，那就是以一种轻松的心态、尽情发挥你的想象，享受使用植物的过程了。总结起来，可以归纳为以下几点：

图 4-1

## 4.1　构思原则

其实，绿化设计的灵感可以来自于与植物有关的各个方面，无论是明信片、绘画，还是照片、墙纸，或是纺织品和中国传统设计，都是极佳的灵感源泉。过去的大师们已经为我们作出了榜样(图4-2)。

首先，必须明确设计目的，了解场地的环境条件，才能相应地选取和组织设计植物。由于室内环境光照较室外弱，且多为散射光或人工照明光，缺乏太阳直射光；室温较稳定，较室外温差变化较小，而且可能有冷暖空调调节；室内空气较干燥，湿度较室外低；室内二氧化碳浓度较大气略高，通风透气性较差。因此，室内绿化设计的构思必须遵循以下原则。

图 4-2

图 4-3

图 4-4

### 4.1.1 美学原则

美，是室内绿化设计的重要原则和动因。因此，必须依照美学的原理，通过艺术设计，明确主题，合理布局，分清层次，协调形状和色彩，才能收到清新明朗的艺术效果，使绿化布置很自然地与室内装饰艺术联系在一起。因为体现室内绿化装饰的艺术美，必须通过一定的形式，使其体现构图合理、色彩协调、形式和谐（图 4-3）。

1. 构图合理

构图是将不同形状、色泽的物体按照美学的观念组成一个和谐的景观。绿化装饰要求构图合理（即构图美）。构图是装饰工作的关键问题，在装饰布置时必须注意两个方面：其一是布置均衡，以保持稳定感和安定感；其二是比例合度，体现真实感和舒适感。

均衡包括对称均衡和不对称均衡两种形成。对称的均衡，显得规则整齐、庄重严肃；与对称均衡相反的是，室内绿化自然式装饰的不对称均衡。如在客厅沙发的一侧摆上一盆较大的植物，另一侧摆上一盆较矮的植物，同时在其近邻花架上摆上一悬垂花卉。这种布置虽然不对称，但却给人以协调感，视觉上认为两者重量相当，仍可视为均衡。这种绿化布置得轻松活泼，富于雅趣（图 4-4）。

比例合度，指的是植物的形态、规格等要与所摆设的场所大小、位置相配套（图 4-5）。室内绿化装饰犹如美术家创作一幅静物立体画，如果比例恰当就有真实感，否则就会适得其反。比如，空间大的位置可选用大型植株及大叶品种，以利于植物与空间的协调；小型居室或茶几案头只能摆设矮小植株或小盆花木，这样会显得优雅得体（图 4-6）。为了既满足植物合理的生长空间和光照条件，又满足人的视觉感受，植物的高度一般不超过空间高度的2/3，否则，会造成空间压抑感（图 4-7）。

图 4-5

图 4-6

图 4-7

掌握布置均衡和比例合度这两个基本点，就可有目的地进行室内绿化装饰的构图组织，做到立意明确、构图新颖、组织合理，使室内观叶植物虽在斗室之中，却能"隐现无穷之态，招摇不尽之春"。

2. 色彩协调

从植物花卉我们可以看出，自然界中的色彩是无穷无尽的。不仅同一物种的色彩有差异，即使是一根树枝上的每朵花，甚至花瓣的不同部分，颜色都是不尽相同的。相比之下，我们的语言实在是显得太贫乏了——紫色、粉红、橙黄……又怎么能描述那些缤纷的植物呢！（图4-8、图4-9）。

人眼对植物色彩的印象取决于几方面的因素：首先是它的固有色；其次是它的光泽度和透明度；第三，是它的肌理（图4-10）。当然，光的因素也不可忽略。因此，室内绿化设计要根据室内的整体色彩状况而定。如以叶色深沉的室内观叶植物或颜色艳丽的花卉作布置时，背景底色宜用淡色调或亮色调，以突出布置的立体感；居室光线不足、底色较深时，则宜选用色彩鲜艳或淡绿色、黄白色的浅色花卉，以便取得理想的衬托效果。陈设的花卉也应与家具色彩相互衬托。如清新淡雅的花卉摆在底色较深的柜台、案头上可以提高花卉色彩的明亮度，使人精神振奋。此外，室内绿化装饰植物色彩的选配还要随季节变化以及布置用途不同而作必要的调整（图4-11）。

图 4-8

图 4-10

图 4-9

图 4-11

## 3. 形式和谐

植物姿态是室内绿化装饰的第一特性，它给人以深刻印象。在进行室内绿化装饰时，要依据各种植物的各自姿色形态，选择合适的摆设形式和位置，同时注意与其他配套的花盆、器具和饰物间搭配谐调，力求做到和谐相宜(图4-12)。如悬垂花卉宜置于高台花架、柜橱或吊挂高处，让其自然悬垂；色彩斑斓的植物宜置于低矮的台架上，以便于欣赏其艳丽的色彩(图4-13)；直立、规则植物宜摆在视线集中的位置；空间较大的中心位置可以摆设丰满、均称的植物，必要时还可采用群体布置，将高大植物与其他矮生品种摆设在一起，以突出布置效果。

图 4-12

图 4-13

### 4.1.2 功能原则

室内绿化装饰必须符合功能的要求，这是室内绿化装饰的另一重要原则。所以，要根据绿化布置场所的性质和功能要求，从实际出发，做到绿化装饰美学效果与实用效果的高度统一。如书房，是读书和写作的场所，应以摆设清秀典雅的绿色植物为主，以创造一个安宁、优雅、静穆的环境，起到缓和疲劳、镇静悦目的功效，而不宜摆设色彩鲜艳的花卉(图4-14)。

位置得当也很重要。植物布置要考虑到房间的光照条件，枝叶过密的花卉如果放置不当，可能给室内造成大片阴影，所以，一般高大的木本观叶植物宜放在墙角、橱边或沙发后面，让家具挡住植物的下部，使它们的上部伸出来，改变空间的形态和气氛(图4-15)。

### 4.1.3 经济原则

室内绿化装饰除要注意美学原则和实用原则外，还要求绿化装饰的方式经济可行，而且能保持长久。设计布置时要根据室内结构、建筑装修和室内配套器物的水平，选配合乎经济水平的档次和格调，使室内"软装修"与"硬装修"相谐调。同时要根据室内环境特点及用途选择相应的室内观叶植物及装饰器物，使装饰效果能保持较长时间(图4-16)。

图 4-14

图 4-15

图 4-16

图 4-17

　　经济性原则还体现在对现有室内条件的利用。镜子、玻璃、塑料或金属等，都会对植物形成反射，而这无疑是设计效果的延伸，从而加强植物形象的感染力（图 4-17）。

　　总的来说，绿化设计的原则可从以下几方面来把握。

　　（1）主题。不仅要根据室内空间的功能要求，还要根据使用的对象、室内环境特点以及经济性确定。

（2）风格。根据室内空间的格调、住宅空间所在地区的气候条件，以及空间个性要素决定(图 4-18)。

给室内创造怎样的气氛和印象。不同的植物形态、色泽、造型等都表现出不同的性格、情调和气氛，如庄重感、雄伟感、潇洒感、抒情感、华丽感、淡泊感、幽静感……，应和室内要求的气氛达到一致(图 4-19)。不同的植物形态和不同室内风格有着密切的联系(图 4-20)。

图 4-18

图 4-19

图 4-20

（3）布局。其一，根据视觉条件，人的视野最佳范围在视平线以上 40°及以下 20°之间。

不同的视角带来不同的视觉效应。如：平视指水平线上下各 13°，这时会产生一种平静感，而仰视角大于 13°时产生庄严感，同样，俯视角大于 13°会带来喜悦感。

其二，与布局之间关系。室内绿化方式，分为水平绿化，垂直绿化，也就是地面上、台桌面上与沿柱、墙布置的绿化（图 4-21）。

（4）比例与尺度。在大空间里，多要与山石、流水相结合，在大空间里创造出相对独立的小空间。植物可疏密相间，用花草衬托，创造自然环境，既有室内感，又有户外感。而在相对独立小空间里则应是一个主题，选择造型别致亲切宜人的小型盆栽来布置室内环境（图 4-22）。

图 4-21

图 4-22

## 4.2 植物的选择

对于植物材料的选择丝毫不比绿化设计来得容易或复杂。

作为室内绿化装饰的植物材料,除部分采用观花、盆景植物外,大量采用的是室内观叶植物(图4-23)。这既是由花卉植物的特点所决定——花卉的形象受到季节的影响而变化显著;也是由环境的生态特点和室内观叶植物的特性所决定的。这就要求我们对植物的生态习性、观赏特点以及空间环境条件有充分的了解。总的来说,一是选用生长健壮的常绿耐荫品种(图4-24);二是选用无特殊气味不带针、刺、毛的品种。而在某些特定的场合或仪式中——如婚礼、宴会等,则可以选择更多的花卉(图4-25)。具体在实践操作中,要考虑以下因素:

图 4-24

图 4-23

图 4-25

### 4.2.1　因地制宜的选择

室内的植物选择是双向的，一方面对室内来说，是选择什么样的植物较为合适；另一方面对植物来说，应该有什么样的室内环境才能适合生长。因此，在设计之初，就应该和其他功能一样，拟定出一个"绿色计划"。

光照是影响植物生长和发育的主要因素，室内绿化植物的选择要考虑适合植物正常生长需要的光照、温度和湿度（图 4-26）；植物的体量要与空间大小相适应，不同大小的空间要选择不同体量的植物材料；植物的形态、质感、色彩也要与房间的用途相协调（图 4-27），如书房配置文竹、兰花之类，能使空间显得典雅和幽静。

根据上述情况，在室内选用植物时，应首先考虑如何更好地为室内植物创造良好的生长环境，如加强室内外空间联系，尽可能创造开敞和半开敞空间，提供更多的日照条件，采用多种自然采光方式，尽可能挖掘和开辟更多的地面或楼层的绿化种植面积，布置花园、增设阳台，选择在适当的墙面上悬置花槽等等，创造具有绿色空间特色的建筑体系（图 4-28）。

### 4.2.2　风格因素的选择

例如，现代室内为引人注目的宽叶植物提供了理想的背景（图 4-29），而古典传统的室内可以与小叶植物更好地结合；盆景只有在中式的室内装饰中，或在红木几架、博古架以及中国传统书画的衬托下，方能显其内涵—中国传统文化和审美情趣的艺术特点和装饰效果。

中国古典风格，古典风格的室内绿化在美学形态上常为点式（如小型盆栽、盆景、插花作品等），它本身所占的空间较小，与室内其他布置保持一定距离，从而显得相对独立，突显个性。这种形态的布置有两个作用，一是用来引导人们的视线，起到空间提示和指向作用（图 4-30）；二是作为艺术品或独立景观进行欣赏。古典风格植物装饰在布局手法上多为自然式，模仿大自然及庭园景观的处理手法（图 4-31）。典型植物：苏铁、芭蕉、竹、文竹、梅、吊兰、万年青、金橘、牡丹、桃。

图 4-26

图 4-27

图 4-28

图 4-29

图 4-30

图 4-31

民俗及地方风格，用材大胆，常以原木仿木构筑空间或竹架构筑空间，架上藤萝缠绕，处处绿意浓浓。农家风情则用色大胆，不仅可以选择一些有粗犷气质的绿色植物，而且常用浓烈的红色和黄色的植物装饰，如以悬垂成串的小红辣椒、葱、蒜，或过角处插上金黄色的麦穗点缀，原始淳朴，热情奔放（图4-32）。

典型植物：小叶蔓绿绒、常春藤、垂叶榕、各种食用植物。

欧式风格，欧式风格的室内绿化秉承了西方园林追求对称、均衡和圆满的审美原则。欧式风格植物绿化方式可分为两种。一种是自然式的欧洲庭园风格，使用多种植物材料，小乔木、灌木与草木结合，布置显得丰满、层次丰富。另一种是规则式的绿化装饰方法，这也是室内植物装饰绿化最常用的手段。植物的种植与摆放讲求对称和均衡，常采用线状绿化的方式（图4-33）。

典型植物：红掌、白掌、郁金香、玫瑰、海桐（对植）。

北欧风格，利用如挂壁、吊盆、吊篮和壁架等设计手法来填补平面用地的不足，以形成一个立体的空间绿化面。可以将种植器制成半圆、三角、花瓶等各种形状，镶嵌在柱子、墙壁上，栽植花木，或在墙、柱上砌成规则或不规则的人工洞穴，嵌入天然石料，将植物栽入穴内，充分利用竖向空间，装饰成幅幅精致的壁画（图4-34）。

图 4-32

图 4-33

图 4-34

常用植物：花叶芋、花叶万年青、竹节秋海棠、非洲紫罗兰、冷水花。

热带风格，常用的室内观叶植物多原产于热带，共同的外形特征就是高大挺拔、叶片宽大、叶形奇特、色彩艳丽，给人以生命力旺盛之感。大、中型盆栽多采用这些品种。常见的是在空间周围摆设棕榈类、凤梨类及橡胶榕和变叶木等叶片亮绿或色彩缤纷的大、中型盆栽，使用餐气氛热烈，或是在角落采用密集式布置，表现房间深度，真正产生热带丛林的气氛（图4-35）。

典型植物：印度榕、棕榈、椰树、棕竹、五彩凤梨。

自然野趣的风格，在非常讲究而豪华的环境中反而能映现出自然的美（图4-36）。

典型植物：春羽、海芋、花叶艳山姜、棕竹、蕨类、巴西铁、荷兰铁等。

图 4-35

图 4-36

### 4.2.3 植物自身特点

要考虑其形状,如万年青、富贵竹等是直立形的、可落地摆放;而紫露草、吊竹梅、蟹爪兰、吊兰、常春藤、白粉藤、文竹等是匍匐形的,可作为悬吊式布置;其他像冷水花、豆瓣绿等,形体较小,则可用作案头或几架摆设。其次,很多室内观赏植物,如组合在一起摆放能更充分的发挥出各自的优势,达到意外的效果。作法上一般将高而直立的植物放在后面,灌木状的置于中间,悬吊状的挂在前面,使其有层次感,做到错落有致。另外,色彩鲜艳的植物,如红枫、变叶木等和形状独特的,如景天科、大戟科类植物,以及如金桔、珊瑚樱等观果类植物,则宜单独放置,突出其特点和优势。伞树、马拉巴粟、美丽针葵、鸭脚木、观棠凤梨、龟背竹等,本身就具有图案美;琴叶喜林芋、散尾葵、丛生钱尾葵、龟背竹、麒麟尾、变叶木等,本身具有显著的外形特征。总之,如按照植物的高度、形状、颜色进行合理的选择和配置,将可以收到协调的效果。

(1)植物的尺度。一般把室内植物分为大、中、小三类:小型植物在0.3m以下;中型植物为0.3~1m;大型植物在1m以上。

植物的大小应和室内空间尺度以及家具获得良好的比例关系:小的植物没有组成群体时,对大的开敞空间影响不大;而茂盛的乔木会使一般房间变小,但对高大的中庭又能增强其雄伟的风格,有些乔木

也可抑制其生长速度或采取树桩盆景的方式,使其能适于室内观赏。

在大空间里,植物要多与山石、流水相结合,在大空间里创造出相对独立的小空间。植物可疏密相间,用花草衬托,创造自然环境,既有室内感,又有户外感(图4-37、图4-38)。而在相对独立的小空间里则应是一个主题,选择造型别致、亲切、宜人的小型盆栽来布置室内环境。

图4-37 以高大的椰树、利用植物做的鹤造型及多种花木组成的趣味型绿化,为室内营造了一个舒适的休息园地

图4-38 绿色植物具有调和的色彩,在色彩变化较多的空间里能起到调和的作用。利用高大的植物装点大空间,可使空间有一种得体的感觉

（2）植物的色彩。是另一个须考虑的问题。鲜艳美丽的花叶，可为室内增色不少。简单地说，植物的色彩选择应和整个室内色彩取得协调，以绿为主，宁雅勿俗，与家具、墙的色彩取得呼应关系（图4-39、图4-40）。

由于今天可选用的植物多种多样，对多种不同的叶形、色彩、大小应予以组织和简化，过多的对比会使室内显得凌乱。

（3）形状与品种。形状分为落地植物、盆栽小型植物、线状造型、球形等。不同植物给人以不同美感。观花植物，如月季、海棠、一品红，使人感觉温暖、热烈。散香植物，如米兰、茉莉，绚丽芳香、沁人肺腑。观果植物，如金桔、金枣、石榴，逗人欢喜快慰，而联想大自然的野趣。观叶植物，如文竹、万年青、橡皮树，碧绿青翠，使人宁静、娴雅、清爽。

（4）注意少数人对某种植物的过敏性问题。

图 4-39

图 4-40

## 4.3 植物的配置程序

植物的配置包括两个方面：一方面是各种植物相互之间的配置，考虑植物种类的选择，树丛的组合，平面和立面的构图、色彩、季相以及园林意境；另一方面是植物与其他要素，如石、水体、家具、建筑构件等相互之间的配置。

首先，考虑的是植物大小之间搭配。应首先确立乔木的位置，这是因为它们的配置将会对设计的整体结构和外观产生最大的影响。一旦乔木被定植后，灌木、插花和地被植物等才能得以安排，以完善和增强乔木形成的结构和空间特性。较矮小的植物就是在较大植物所构成的结构中展现出更具人格化的细腻装饰。由于乔木极易超出设计范围和压制其他较小因素。因此，在较小的空间中应慎重地使用乔木。

其次，考虑的是植物的品种搭配。在设计布局中应认真研究植物和植物搭配，首先考虑其所具有的可变因素。与室外园林设计不同的是，室内绿化设计常选用常绿植物。在一个布局中，阔叶植物比针叶常绿植物更受人欢迎，这是由于形态上给人带来的安全感。

第三，在考虑植物色彩因素时，也应该同时考虑植物叶丛类型，这也是植物色彩的一个重要因素，叶丛类型可以影响一个设计的季节的交替关系、可观赏性和协调性。在设计中，植物配置的色彩组合应与其他观赏性相协调，起到突出植物的尺度和形态作用。如一植物以大小或形态作为设计中的主景时，同时也应具备夺目的色彩。在处理设计所需要的色彩时，应以中间绿色为主，其他色调为辅。同时应多考虑夏季和冬季色彩。因为此两季节在一年中占据的时间较长。

应该注意的是，即使是常绿植物，其色彩也会随着季节的更迭而发生变化。

第四，则是考虑植物的质地。在一个理想的设计中，粗壮型、中粗型及细小型三种不同类型的植物应均衡搭配使用。质地太多，布局又会显得杂乱。比较理想方式是按比例大小配置不同类型的植物。因此，在质地选取和使用上还应结合植物的大小、形态和色彩以便增强所有这些特性的功能(图 4-41)。

图 4-41

图 4-42

最后，是选择植物种类或确定其名称。在选取和布置各种植物时，应有一种普通种类的植物，以其数量而占支配地位，从而进一步确保布局的统一性。按通常的设计原则，用于种植配置的植物种类，其总数应加以严格控制，以免量多为患(图4-42)。

一般最佳视觉效果，是在离地面2.1～2.3m的视线位置。同时要讲究植物的排列、组合，如前低后高，前叶小、色明，后型大、浓绿等。为表现房间深度，可在角落采用密集式布置，产生丛林气氛。

# 第5章 不同空间的绿化设计要点

好的绿化植物设计，可以以无言的方式向人们传递信息，如：在门厅处，它们会说："欢迎！"；在起居室，它们会与色彩、织物及其他装饰品进行交流；而在餐厅，花卉植物不仅是一种设计元素，它们还成为各个进餐者之间的纽带；浴室中的镜子或其他反射面则为植物带来了意想不到的视觉效果；厨房中的植物，特别是草本植物，更是能起到装饰和调节空气的作用。

## 5.1 公共厅堂

视大型公共厅堂、共享公间及中庭的需要，其绿化手法最为广泛。诸如室外大自然界的湖光山色的借来、花草树木的移栽摆设、奇石古迹的布置、喷泉流水的引进设造、风土野味的追求……，这些都可以在室内实施。也就是说室外景观可以引进室内，室内景观也可以运用造园的手法修造，目的是为创造一个使人如置身于富有大自然气氛之中的环境(图5-1)。

室内绿化的植物材料，应以观叶植物为主，观花植物为辅。在创造自然气氛的景观环境中，水是最活跃的，也是最易引进的元素，水的神奇妙用可以赋予室内环境富有生命力的气氛(参考前面水的利用与设计部分)。另外也可以利用石作陈设或造景。

对于室内的景观，当造就造，可导则导，主要是造。在绿化设计中，要注意统一格调，还要注意与室外大环境的统一(图5-2)。统一格调就是各个局部要顺从整体既定的风格和特色，凡是与总体风格和特色不符的，再引入的材料、动人的色彩、精彩的手法也要舍得忍痛割爱。一开始就注意创造自己风格和特色的设计，也

就容易在创作目标的追求中达到(图5-3、图5-4)。

因为绿化设计是科学与艺术结合的学科，比起绘画、音乐等纯艺术更受客观条件的制约。诸如材料、施工、功能经济乃至环境气候等，离开这些客观因素，想入非非地去创造什么风格和特色，要么事倍功半，或者完全行不通。

在设计中要注意与建筑环境的特征相结合，注意室内外的延续，注意表现民族传统和地方特色，注意因地制宜、扬长避短。

大型公共空间绿化设计，可采用多种手法。如以巨大盆缸种植乔木、以走廊的栏杆作花池、光棚的网架悬吊盆等。也可保留原地自然中的树石、泉水加工造景，也可将室外的水系引进来，或直接以水池、山石、流泉、植物、园林小品来造景。

这种手法在现代国外也是时常利用的，例如1983年建成的日本万座海滨旅馆。它位于冲绳的一个两面临海的亚热带风光的半岛上。大厅底层向着室外庭园和浩瀚的海面敞开，室内空间和室外空间连成一体。大厅的内部布置了大大小小的喷泉和水池，移栽了多种多样的亚热带树木花草，充满南国情调。大厅上部一层层客房、走道的墙面、栏板和花台全部为米黄色，在大面积的调和、明快、淡雅的色调中，缀以一丛丛、一簇簇绿色盆栽，在对比中显得格外郁郁葱葱，富于地方气息。旅客置身其中静听林海涛声，欣赏犹如野外一般的景观气氛(图5-5)。

在大型公共厅堂中，也可以采用陈列的手法，摆放盆栽植物。无论是普通大小的花灌木，或是高大的乔木均可(图5-6)。在入口处、楼梯、道路的两侧可以散点摆设、对称式或线型摆设。利用线型摆设还

可以用以区分空间、线路(图 5-7)。在厅中摆设成片林，或建造花池、水池、景园等用以分流人群(图 5-8)。利用共享空间上层栏板处建造悬空花池，栽植较耐阴的藤本植物，如三角丝绸、长春藤、绿萝、天门冬、合果芋等形成垂直的绿化气氛，既增大了绿化面积，上下呼应，又使共享空间浑然一体，统一在绿色的景观中。

图 5-1　大厅的地面分格与玻璃天棚的分格一致，树木的配置与顶棚的方格相呼应，相烘托，格外清新美丽，给人以置身于蓝天白云下和野草、林木中的感觉

图 5-2　某地铁的支撑柱与顶子浑然一体，利用绘画手法使空间充满了植物气息和自然情调

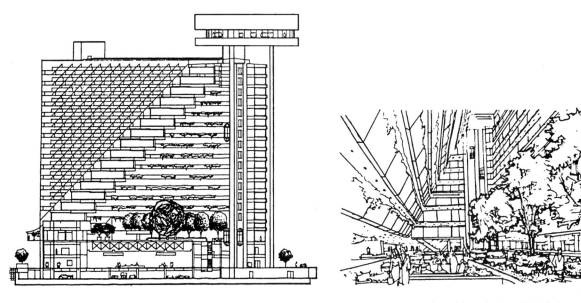

图 5-3　美国旧金山海特摄政酒店剖面（雕塑与绿化）　　　　图 5-4　美国洛杉矶帮克山旅馆中庭

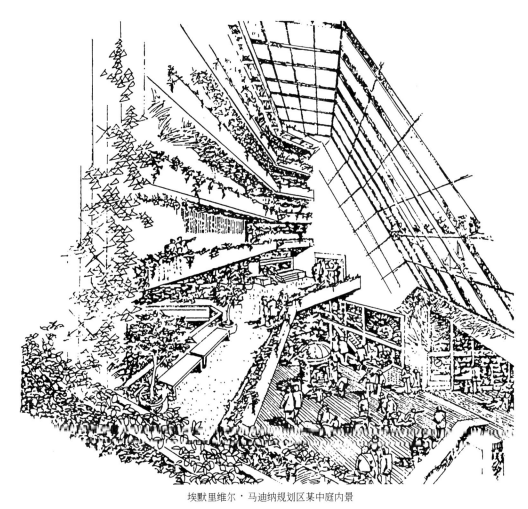

埃默里维尔·马迪纳规划区某中庭内景

图 5-5　室内绿化可以为人创造一种建筑与自然融为一体的美好环境

图 5-6

图 5-7

图 5-8

## 5.2　办公空间

写字间需要有安静素雅的环境气氛，绿化应少而精。宜选用中型大小的叶形、颜色素雅的观叶植物。叶片过大、过小、过碎或颜色过于强烈的植物不太适宜放在写字间。桌面上宜放小型素雅的插花或盆栽，例如，兰花、水仙、风信子、富贵竹、竹芋、杜鹃等。在写字间摆上一两盆艺术水平高的盆景，不仅可以提高环境的品位，还可以用以调解人们极度疲劳的大脑和视觉神经。

家庭的书房，是最能反映主人的爱好和文化修养的。不同职业、不同文化层次和不同年龄的人其爱好不同，追求的品味就不同。因此，一定要了解不同人的不同需要，进行绿化装饰。家庭中个人的书房

一般面积较小，绿化又是其中陈设的一部分，所以不宜过多。但植物是有生命的，所以又最能取得效果，给室内带来生气。一般来说，其绿化可以有新时代型、严肃型、活泼型、野逸型、艺术型、思古型等类别与种类，这些大致可以包容了各种人的需求。这里仅举思古型一例，如能寻得一本百年以上的树桩，配以明清盆钵和几案。室内仅摆此一件盆景，无须再多，已经足以表明了主人的爱好、追求和文化品位了。

办公室绿化不仅能提高空气质量、降低污染物和噪声，还有助于缓解职员头疼、紧张等症状。德国宝马汽车公司和弗劳恩霍夫研究所曾共同进行过一项试验。最后得到的数据是：办公室适度的绿化将室内空气环境质量提高 30%，将噪声和空气污染物降低 15%，通过改善办公环境可以把职员病假缺勤率从 15% 降低到 5%。

进行办公室绿化工作之前，首先，要先观察你的办公室是不是有足够的光线，因为植物生长的基本要素为阳光、空气、水，空气和水一般是没有问题，较有困难的就是光了。一般在办公室里，除非是靠窗的位置，否则自然光对植物来说都不是很足够，因此我们最好选择光照需求不高的阴性植物，如非洲堇、大岩桐、兰草草、黄金葛、蕨类、常春藤等，这类植物原生的环境就比较阴暗，对光的需求原本就比较少，很适合在室内种植(图5-9～图5-11)。

利用突出的白色柱子作底衬，可以更好地托出植物的形体及颜色

图 5-9

图 5-10

办公室绿化应以观叶植物为主，随意疏朗为好

图 5-11

## 5.3 餐饮空间

餐厅可以以观叶植物、农作物产品(如南瓜、木薯、谷穗、玉米、高粱等)及蔬菜瓜果等陈设布置。这里农作物及蔬菜瓜果可以促进人的食欲。

餐厅前台是绿化的重点，宜摆插花或洁净清新的盆花，周边的角落以形整而较大的观叶植物为宜。餐桌中心的插花有两种形式，一种是用水晶玻璃花瓶，插以疏散型的花叶；另一种是采用平而矮的插花或花篮。这两种形式都是为了不遮挡客人的视线，利于客人互相沟通。

如果要举办一个豪华的宴席，花卉的装饰更为重要。可以在入口处摆一巨型组合插花，这是欢迎来宾的最好礼仪，使宾客一进门就感到亲切舒适。如果餐桌较大空间允许的话，也可以采用这样一种迷人的手法布置，即在每份餐具之间的桌布上放一束小花，甚至也可在每人用的大餐盘的边上放上一朵非常漂亮的小花，或者在高脚酒杯中插上一支非常小的花，都会显得十分雅致。餐厅用花和绿化，最重要的是花与植物要干净卫生。尤其是用花，最好是采用无土培养的花束，否则决不能将其放在餐盘酒杯之中。

无论你是在家里吃饭，还是与朋友在外进餐，餐厅中必不可少的元素就是植物和花卉：餐桌上的花带来放松、和谐的气氛；它们有时也起到划分餐桌空间的作用(图5-12～图5-14)。就像美丽的花朵一样，客人之间的关系也变得融洽起来；客人与花一样，都成了整个餐厅气氛中的组成元素。但要注意，餐厅中的花不能太"香"，否则便会喧宾夺主，与食物的气味产生冲突(图5-15、图5-16)。

封闭的用餐空间，以灯光照明补充光线的不足，因此，植物多为人造植物或极耐阴湿的植物，如体量高大、色彩浓厚的

图 5-12

图 5-13

图 5-14

图 5-15

餐桌的插花。应以平矮或花束疏透的插花为宜

图 5-16

仿制大树，粗大黝黑的树干，宽大的叶片，侧旁打上暖黄色的灯光，造成重重的阴影。

开敞的用餐空间应把植物布置在用餐者可观赏到的地方；南侧的绿化能遮挡夏日射入的阳光，而马路一侧的绿化可以很好的遮蔽窗外杂乱的景象，降低噪声(图 5-17)。

图 5-17

## 5.4 住宅空间

### 5.4.1 客厅

用以接待宾客的客厅，一切布置设计都要本着华贵、庄重、大方的特点进行。在选用植物上要选用植株叶片较大的品种。

较大型的客厅绿化，还要注意宁整而不要零碎，要体现设计的大度感。在陈列的架案上也可以装点一些趣味性植物，增加活泼感(图 5-18)。如摆放一些盆景、插花及植物盆栽或花卉。重点绿化的地方，植物选用品种要单一，最好选用一种或两种，可以反复整齐排列。品种过多则给人一种杂乱的感觉，而失去庄重、大方的特点(图 5-19)。还要注意应选用名贵品种，植株要整齐、干净清新。要经常擦拭，保持卫生。盆钵也要上乘。

图 5-18

家庭居室的客厅，花木摆设和其他饰物一样都能反映主人的爱好、性格、知识及艺术品味。家庭居室的客厅，绿化布置应注意活泼的趣味性。在客厅一角的花架上摆放一盆万年青或龟背竹、海棠、君子兰等，叶大株整而引人注目；在窗前或墙壁中央的几案上摆一盆古朴多姿的树桩盆景或水石盆景，能引人细细地去品味，这是我国传统的手法，使客厅具有书房气息。

在宽敞的玻璃窗旁摆一两株高大的观叶植物，墙角摆放散开型的观叶植物，既大方有气势，又利于远观；在茶几或桌案上摆放插花或精美的盆花，利于人近赏（图5-20）；在台柜上边摆垂吊植物，多宝格里摆放小型盆景或盆栽能增加趣味感；在瓷缸陶罐里插一些芦花、蒲棒或其他干花干枝、不仅有生气而且有野趣。

如果是秋天，把在山野郊外采摘来的红叶、挂着红果黄豆的干枝挂于墙壁或插入瓶内，就把金秋的气息带进了室内。

图 5-19

图 5-20

### 5.4.2 卧室

卧室的绿化应本着简单、纯朴的原则，不宜过多。应以观叶植物为主，植株不宜过大，忌用巨形叶片和植株细乱、叶片细碎的植物。因为这些植物在夜间，有的形状或影子能使人引起一些联想，影响人的休息睡眠。无论是盆栽花卉或插花，都应采用无香味或淡香型的。浓香型的花香影响人的休息和入睡，不宜用。花卉的颜色应以淡雅为主，但新婚夫妇的卧室摆些颜色强烈的花卉，有喜庆的气氛也是可以的。卧室插花的器皿以水晶玻璃或带套有条编的瓶罐，显得洁净。

作为私密性强的空间，卧室绿化应尽量小，且精致、亲切。当你早上醒来看见床头柜上的花，会带来一天的好心情。当然，这些植物的设计也要与卧室整体环境、形式、色彩相协调，如床单的图案、床头灯、壁纸、绘画等因素（图5-21～图5-23）。

图 5-21

图 5-22                                    图 5-23

### 5.4.3　卫生间和浴室

卫生间与浴室绿化，宜选用耐阴湿和闷热的观叶植物或花卉。例如水仙、马蹄莲、绿萝、长春藤、菖蒲、天门冬及蕨类等植物。洗漱台上也可以摆放插花，但以疏散型为宜，器皿以水晶玻璃为最好（图 5-24～ 图 5-26）。

图 5-24

图 5-25 图 5-26

## 5.5　室内游泳池

图 5-27　游泳池的绿化

室内游泳池绿化,重点是风味的追求。可以模拟海滨、湖边、河旁的风光景色。以选用较大型植物、水生或近水植物、南国植物最为理想。如葵类、棕榈、铁树、龟背、春羽、菖蒲、水葱、马蹄莲等(图5-27)。

设计与组摆手法,如散点、集中组摆、开设景园、铺设草坪、沙滩等诸多手法均可运用。如在泳池旁,利用山石、植物模拟自然景致,利用树、石作跳台,其趣味无穷。

室内绿化设计发展到今天,已不再局限于某一个个体空间,绿化的范围已经冲破了旧有的封闭式,向多空间发展,朝着人们需要的物质生活和精神生活方面发展,人类苛求的自然环境正千方百计地纳入新时代的建筑里去。

# 第6章 绿化制图与图例

室内绿化设计的制图与图例表示，与园林设计制图相同，应有平面图、立面图和效果图。有时还要有剖面图、局部详细施工图。效果图也可采用鸟瞰图的方法。

平面图也叫种植施工图，是种植施工的主要依据。在图中应表明每株植物的规格大小（冠径）、种植点及品种名称。不同的植物，如乔木、灌木、落叶与长绿，针叶与阔叶或花草，可采用园林设计中的表示方法表示，并用文字标出植物的名称。

如图6-1表明是一株针叶树木。圆的直径大小为树冠直径，中间的点为种植点。植物名称既可标于图外，也可写在图内种植点下方或编号。相近的几株同一品种植物可以用细线将每株的种植点连起来，只在一株上标出品名就可以了。

一般平面图采用1∶100～1∶200的比例为宜，有些植株较小、要求较精细的

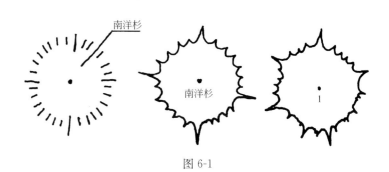

图 6-1

设计，如花坛或小株摆设，其平面图可采用1∶50～1∶100的比例。

为了表示植物、山石及景致与空间的对比关系及其立面的配置效果，可根据平面图、植物及山石等的形象画出立面图及效果图。

施工说明书应统计出所需用的各种苗木的名称、规格及数量，用石的品名、大小及数量。

绿化平面设计图中植物表示图例（图6-2）。

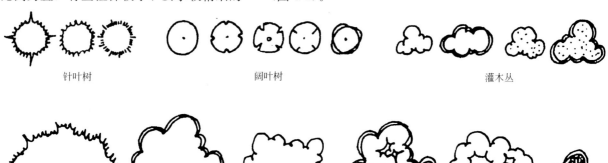

针叶树　　　　　　　　阔叶树　　　　　　　　　灌木丛

针叶树丛（林）　　　阔叶树林（密林）　　　　阔叶树林（疏林）　　　竹林（丛）

花架　　　　　　藤本植物　　　　　花坛　　　　　　　　花带　　　　　整形绿篱

图6-2　绿化平面设计图中的植物表示法（一）

自然式绿篱

| 草坪 | 自然式草地 | 水生植物 | 花境 |

图 6-2　绿化平面设计图中的植物表示法(二)

　　用最能概括植物特征的图形来表示各种类型不同的植物。

　　平面设计图中水、石表示图例(图 6-3～图 6-8)。

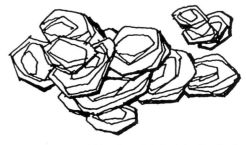

图 6-5　用山石俯视平面画法表示山石,将石一侧的线画粗些,使石具有投影的感觉

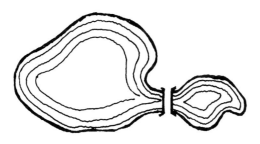

图 6-3　沿水边缘线画三条细线表示水

图 6-6　石路

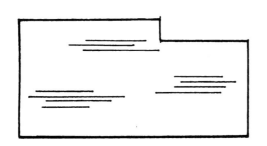

图 6-4　在水域内用几条细平行线或浪线表示水

图 6-7　汀步石

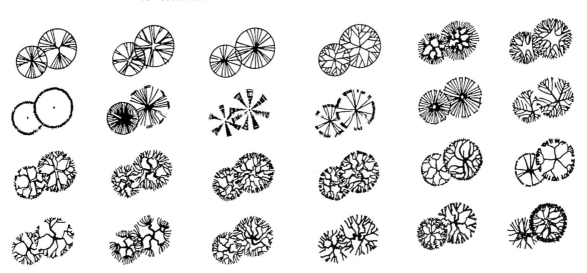

图 6-8　植物表示参考图例(一)

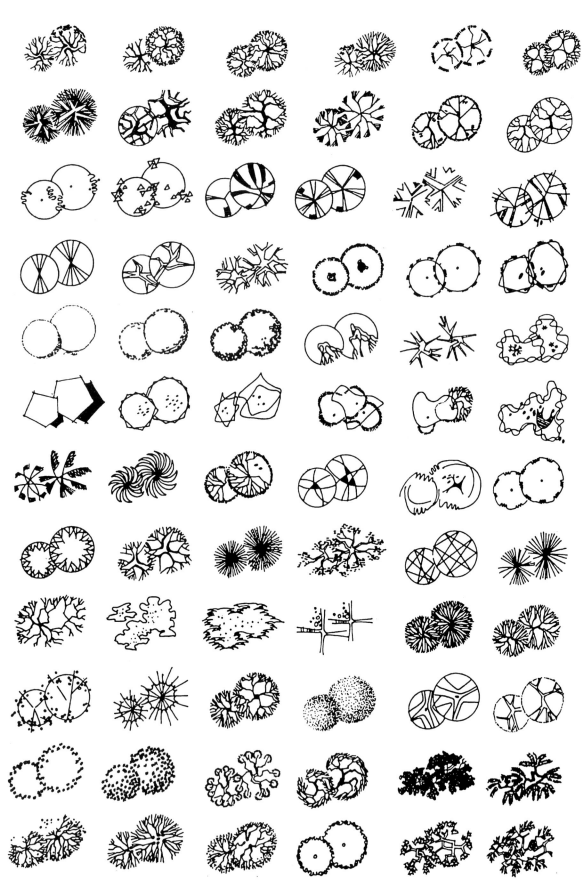

图 6-8　植物表示参考图例(二)

# 第7章 室内植物的养护与管理

不同的植物种类，对光照、温湿度等均有差别。清代陈子所著《花镜》一书，早已提出植物有：宜阴、宜阳、喜湿、当瘠、当肥之分。

## 7.1 光 照

植物生长需要一定的光照，进行光合作用。光照不足会导致植物植株柔弱、徒长，难以开花或滋生病虫害；光照过强，有时又会灼伤植物。一般来说多数观叶植物及蕨类植物，喜好过滤性、间接或反射光，开花植物多喜光。解决光照不足的办法一是将植物移于光照充足的地方，如窗口和光照强的地方，对于不易搬动的植物可以增加人工光源，如白炽灯、日光灯等。

植物对光照的需要，要求低的光照时，约为215～750lx。大多数植物的光照要求在750～2150lx，即相当于离窗前有一定距离的照度。植物的光照超过2150lx以上时，则为高照度要求，要达到这个照度，则需要把植物放在近窗或用荧光灯进行照明。为了适应室内条件，应选择能忍受低光照、低湿度、耐高温的植物。一般说来，观花植物比观叶植物需要更多的光照和细心照料。

大部分观叶植物喜欢半阴的环境条件，不宜阳光直射，有些观叶植物耐阴性很强；可以长时间地置于室内。根据观叶植物的特点，给以合理的光照，以利其健壮生长，增强抗逆能力。如竹芋类、万年青类、蕨类、一叶兰、豆瓣绿、龟背竹、鱼尾葵、八角金盘、棕竹等适宜在室内散射光条件下生长发育；苏铁、香龙血树、红背桂、四季秋海棠、美丽针葵、虎尾兰、龙舌兰等，虽然有一定的耐阴性，但需要充足的光照，在室内栽培时应放在阳光充足或明亮处；另一类，如变叶木、橡皮树、叶子花、凤梨、一品红及多肉观叶植物，则应让其充分接受阳光，才能有利于生长发育。因此，可利用窗帘等适当调整光照(图7-1)。

图 7-1

还应引起注意的是，室内光照低，植物突然由高光照移入低光照下生长，常因适应不了，导致死亡。因而最好在移入室内前，先进行一段时间"光适应"。也就是置于比原来生长条件光照略低，但高于将来室内的生长环境。

## 7.2 温度与湿度

不同的植物对温度的要求不同。大多数原产热带的观叶植物，最佳适应生长温度为 21～26℃，冬季最低应保持在 12～15℃。而原产温带及亚热带的植物，生长适温为 16～21℃，冬季可耐 7℃ 的低温。现代建筑中的室内大多设有中央空调和暖气设备，四季基本温度保持在 16～27℃，所以是很适宜室内植物生长的。

不同的植物种类，对光照、温湿度均有差别。一般说来，生长适宜温度为 15～34℃，理想生长温度为 22～28℃，在日间温度约 29.4℃，夜间约 15.5℃，对大多数植物最为合适。夏季室内温度不宜超 34℃，冬季不宜低于 6℃。室内植物，特别是气生性的附生植物、蕨类等对空气的湿度要求更高。控制室内湿度是件最困难的事情，一般采取在植物叶上喷水雾的办法来增加湿度，并应控制好喷水雾的方法，使不致形成水滴，滴在花盆的土上。喷雾时间最好是在早上和午前，因午后和晚间喷雾容易使植物产生霉菌而生病害。此外，也可以把植物花盆放在满铺卵石并盛满水的盘中，但不应使水接触花盆盆底。

多数观叶植物适宜生长温度为 15～30℃，低于 10℃ 停止生长，进入休眠。越冬温度宜在 15℃ 以上。不同种类观叶植物耐寒性有差，如变叶木、一品纤、竹节海棠、肾蕨、孔雀竹芋、网纹草、红背桂、龟尾葵、散尾葵等，冬季室温不得低于 10～15℃。文竹、金边吊兰、吊竹梅、豆瓣绿；彩叶草、龟背竹、香龙血树、橡皮树、棕竹、四季海棠、君子兰等，冬季室温不得低于 5～10℃；天门冬、一叶兰、吊兰、常春藤、冷水花、苏铁、棕

桐、发财树等较耐寒的花卉，要求冬季室温也不得低于 3～5℃。湿度观叶植物在高温空气干燥的情况下，易出现叶色暗淡、叶缘枯焦或叶面呈现焦斑等生长不良现象。龟背竹、虎耳草、吉祥草、伞草、海芋、彩叶芋、蕨类、兰科植物需要充足的水分，应多浇水，做到"宁湿勿干"，但也不能积水，否则会造成烂根死亡。文竹、吊兰、君子兰、冷水花、橡皮树、棕竹、五针松、罗汉松、苏铁、棕榈、秋海棠等在湿润的盆土中生长良好，应"见干见湿"，做到盆土不干不浇，浇则浇透。另一类如龙舌兰、虎尾兰、芦荟、景天、燕子掌、石莲花、条纹十二卷等多肉植物，耐旱能力强，不宜多浇水，"宁干勿湿"。

## 7.3 浇 水

室内摆设和种植的植物生长都离不开水。用自来水浇灌植物应将水放置 12h 以后，待水无明显的温差和漂白粉散发后再使用。盆栽一般是见干再浇，要一次性浇透，不要只浇表面，以盆底的水开始外溢为准。发现叶子及花瓣垂落时应立刻浇水，有时叶面也应经常喷水或用湿布擦拭，以增加叶面的湿度和利于清洗叶面表层的灰尘，提高叶片光合作用及观赏效果。

植物要求有利于保水、保肥、排水和透气性好的土壤，并按不同品类，要求有一定的酸碱度。大多植物性喜微酸性或中性，因此常常用不同的土质，经灭菌后，混合配制，如沙土、泥土、沼泥、腐殖土、泥炭土以及蛭石、珍珠岩等。植物在生长期及高温季节，应经常浇水，但应避免水分过多，并选择不上釉的容器。

由于多方面的原因，给室内棕榈植物浇水比其他植物有更多问题和困难。健康、苗壮生长的植物需要有规律地浇水，浇水的频率要视当时温度和湿度状况而定。在夏季，每天都可以浇水，而在冬季，它们对水分的需求会大大减少。生长旺盛的植株需水更多；在光照条件下比在阴暗条件下更容易干燥。对于小根系的盆

栽植物，用喷壶浇灌能迅速解决观叶植物的饥渴状态(图7-2)。另外，其他方面的因素也必须考虑，诸如栽培基质的类型、花盆的大小以及当时的温度和湿度等。栽培基质必须排水良好，但也具一定的保水性，以保持足够的水分供植物生长。黏重土壤在浇水后变得湿而黏，对棕榈植物不利，而且会导致烂根，并使植物生长迟缓甚至死亡。水分太少时，棕榈植物的叶片就会失去光泽，看起来显得不健康甚至枯萎；若太湿则会导致叶片先端损伤，变为褐色甚至死亡。如果根部受损伤，棕榈植物即使浸入水中，同样会枯萎，被损伤的根部无法从土壤中吸收水分。

图 7-2

在成群摆设的室内植物中，各种植株需水量不尽一致，尽管每次浇水时将所有植物都浇一遍会很省事，但这样对植物是不利的，我们应该充分考虑各种植物对于水分需求的不同。

## 7.4 施　　肥

植物生长不断地吸收养分，使栽培基质中的养分逐渐减少，这样就需要通过施肥补充养分。为了避免污染室内空气和保持室内卫生，应选用无异味和不招蝇虫的肥料。现在大多选用成品复合肥，一些花店出售的这类肥料，有片状和颗粒两类，又分适合观叶、观花和观果三种。这种肥料既卫生又无异味，而且肥效显著。室内植物由于大多已经成形，只要能保持植物原有的姿态美感和正常的生长即可，所以

施肥的原则是"宁少勿多"。

观绿叶的植物，以氮肥为主，氮、磷、钾的比例为3∶1∶1；叶片上有斑纹花点的观叶植物，氮肥不能过多，否则，叶片中彩色部分将会减少，氮、磷、钾的施肥比例以1∶1.5∶1.5为宜，能促进枝叶茂盛；磷，有促进花色鲜艳果实肥大等作用；钾，可促进根系健壮，茎干粗壮挺拔。春夏多施肥，秋季少施，冬季停施。施以稀释后的液体或粉末肥料是最简便常用的方法(图7-3)。

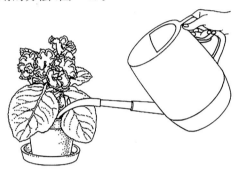

图 7-3

在施用量上"宁少勿多"，施肥过量容易"烧根"，造成植物叶片泛黄或萎蔫死亡。一般在生长期施1～2次薄肥液即可。在休眠期要停止施肥，只浇清水即可。施肥宜在晴天傍晚进行，施肥前盆土应适当偏干，最好松土一次，施肥后的第二天早上再浇清水，防止肥液中的有效成分积存在盆土表面而不能随水下渗。缓释肥料棒要小心地埋在土中，不能接触根部，否则会灼伤根部(图7-4)。浇灌液肥时还应注意

图 7-4

不要将肥水滴溅到叶片上，以免污染叶面。

一般来说，通常对室内植物施肥前，先浇水使盆土潮湿，然后用液体肥料来施肥。观叶和夏季开花的植物在夏季和初秋施肥；冬季开花植物在秋末和春季施肥。

以棕榈植物为例，现在市面上有许多室内观赏植物的肥料，大多数也适用于棕榈植物。生长期一般1～2周1次，或者每次浇水时施用。不要给盆栽棕榈植物施过多的肥，因为施过多的肥是导致叶尖发黄的一个原因。

而在冬季，植物生长缓慢或处于休眠期，此时施肥，或突然使用速效肥，对于缺肥或长势较弱的棕榈没有益处，甚至会导致严重烧伤。最好是每隔一定的时间小剂量使用一次，同时栽培基质时也应浇透水。一种安全的做法是把肥料垫置于盆底，当浇水盆底湿润时，肥料就能缓慢释放从而被吸收(图7-5)。对于新上盆的棕榈植物，或那些根系被损伤的植株，绝对不能使用速效肥，因为长势弱的根或新根会很快被烧伤。肥料球一定要用导棒小心地埋在土里(图7-6)。

图 7-5

图 7-6

室内棕榈植物也最好使用缓效肥或液体肥，特别是液体肥料非常有效并且比较安全。取一茶匙半尿液或氨肥稀释使用，也是一种非常有效、廉价的营养肥。市面上销售的粒状花肥，其包装上都有使用说明，施用时应按照其推荐剂量使用(图7-7)。有一些肥料是可以在叶面施用的，即我们所知的叶面肥，但同根部施肥相比，这种方式开支较大，且效果不一定显著。

图 7-7

## 7.5 清洗与通风

用温水定时、细心地擦洗大的叶片，叶面会更加光洁美丽，清除尘埃后的叶面也可更多地利用二氧化碳，对于叶片小的室内植物，定期喷水也有同样效果。

例如，将植物放在庭园里洗去叶片上的灰尘。这种简单的处理不仅使植物更美观，而且对于减少害虫在植株上集结非常重要，尤其是清除螨类等喜欢干燥环境的害虫。此外，在雨天或毛毛雨时把植物放在户外也是一个好的办法，但若太阳太强时就不能搬出来，因为这些热带植物一直在遮阴的环境中生长，若突然暴露在太阳底下，会导致强烈的灼伤。

摆在室内的棕榈植物，可将其移至庭园阴凉处进行复壮，对其精心地浇水、换盆或施肥，使其渐渐地恢复长势，重新生长，调养一段时间后，再搬至屋内。可以预先计划好，将室内所有棕榈植物都轮换搬出室外进行清洗，以保证在室内摆设的植物达到最佳观赏效果。建议棕榈植物在室内摆放 2 个月后再在室外放置 2～3 周。

室内郁闷、通风不良极易引起红蜘蛛、介壳虫、蚜虫、白粉虱等害虫危害。尤其是夏季高温潮湿，通风不良，还会造成白粉病、褐斑病、腐烂病的发生。所以，夏季应把植物放在通风良好的阴棚下养护，冬季在室内养护时，遇到晴朗的天气，中午应开窗，通风换气。

## 7.6 病虫害及其防治

创造植物良好的生长环境和生长条件，使植物生长健壮、增加自身的抵抗能力，这是防止病虫害的最好措施。如果植物基质带菌、植株体弱、环境闷塞及管理不善，都可能诱发和滋生病虫害。

常见的几种生理性病害：

（1）脱叶：表明水分过大或烂根。

（2）叶片枯黄：叶片干尖或叶尖叶片边缘枯黄，表明缺水和空气干燥；如果叶片突然干枯，是肥料过量或基质内虫害所致。有害气体和射线（如新装修的房间或离电视太近）有时也能造成叶子枯黄或全株死亡。

（3）根腐病：是因浇水过多、基质板结不透气和施肥过多所致。

常见的几种病原性病害：

（1）白粉病：叶面覆盖一层白色小斑点，尔后逐渐扩散变灰色，导致叶片脱落。

（2）叶斑病：叶片出现黑色斑点，周围成水渍状褐色圈。

（3）枯枝病：病菌从生长较弱的枝条滋生，从顶部干枯，直至全株枯萎死亡。

（4）锈病：初期叶背出现黄色小斑，尔后锈菌孢子逐渐呈桔红色粉状。

这几种病害是由于温度过高，水分、湿度过大、光照不足和不透风引起的病菌性病害。轻的可以剪去生病部位以防蔓延，重则应彻底销毁。也可移于室外喷洒多菌灵、托布津等药剂。早期发现也可在室内用青霉素、链霉素抗菌药水涂擦患部。

常用的虫害有：

（1）介壳虫：这种虫外部有蜡质的介壳，吸附在植物上吸取汁液，造成受害部位枯黄脱落或植物死亡。

（2）红蜘蛛：体小呈红色，常栖于叶子背面吸取汁液。

（3）粉虱：又称小白蛾，双翅有白色蜡粉，常用刺吸式口器刺入植物吮吸汁液。

这些虫害也多因过于潮湿和不通空气而引起。治理这些虫害，由于室内不宜用药物喷洒，最好采用内吸性药物，如呋喃丹、滴灭威等埋入土内，等药性吸收到植物体内，昆虫吸吮汁液后就会致死。虫害较轻的也可以采用手捉、湿布擦拭或剪去受害枝叶的办法。

盆栽棕榈植物比生长在庭园中的更容易遭受某些病虫危害。其中有三类害虫对盆栽棕榈植物危害最严重，它们是粉蚧、螨类和介壳虫。螨类是最严重的室内棕榈植物害虫，可以通常喷雾或浇淋减轻危害。由于通风条件不佳，容易引起棕榈植物黑斑病的发生，可以通过增施钾肥和改善通风条件来预防。

# 参 考 文 献

1 陆震纬主编. 室内设计. 成都：四川科学技术出版社，1987

2 华南工学院建筑系主编. 园林建筑设计. 北京：中国建筑工业出版社，1986

3 王莲英，尚纪平编著. 插花艺术. 北京：中国农业出版社，1989

4 谢秉曼编著. 建筑环境绿化. 北京：中国水力电力出版社，1992

5 黄智明编著. 珍奇花卉栽培. 广州：广东科技出版社，1995

6 华南工学院建筑系主编. 建筑小品实录. 北京：中国建筑工业出版社，1980

7 童寯著. 江南园林志. 北京：中国建筑工业出版社，1987

8 王伟，李梅编著. 室内植物养护与布置. 南京：江苏人民出版社，1995

9 孙筱祥编著. 园林艺术及园林设计. 北京林学院园林系，1981

10 袁宝安，张景然，周仲铖主编. 世界室内、外装饰设计全集. 广州：广东科技出版社，1992

11 The New art of flower Design, Deryck Healey, Villard Books, Newyork, 1986

12 Decorating with Plant, Helen Chislett, Published by Page One Publishing Private Limited, Singapore, 2005

13 Flower in French Style, Caroline Clifton-Mogg and Melanie Paine, Published by Mitchel, Great Britain, 2000

14 詹姆斯·埃里森［英］著. 姜怡，姜欣译. 园林水景. 大连：大连理工大学出版社，2002

# 第 二 版 后 记

　　基于教学大纲和专业的改变，自2000年起，清华大学美术学院（原中央工艺美术学院）环境艺术系《室内绿化设计》课程调整为《环境绿化设计》和《水景与绿化》，至今由黄艳老师承担相关的教学工作。由于《环境绿化设计》和《水景与绿化》的教材讲义分别是针对景观设计专业和室内设计专业的，课程名称的调整也带来教学内容和要求的不同。因此在本书的编写过程中对两者进行了一定程度的融合，同时考虑到与1999年版的延续性，本书仍旧命名为《室内绿化设计》，并以《室内绿化设计》（1999年版）为蓝本编写而成。除了在全书的结构关系上有较大的调整外，还补充了关于室内绿化的历史发展背景、室内绿化设计的程序与方法等内容，并以国内外最新的设计实例作为论据，增加了可读性和实用性。

　　在编写过程中，《室内绿化设计》（1999年版）作者刘玉楼老师给予了积极的配合和指导，在此表达衷心的感谢！